U0309419

国家出版基金项目
NATIONAL PUBLICATION FOUNDATION

新一代航天运输系统丛书

"十四五"时期国家重点出版物出版专项规划项目

火箭智能控制系统概论

禹春梅 等 著

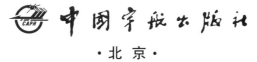

中国宇航出版社
·北京·

图书在版编目（ＣＩＰ）数据

火箭智能控制系统概论 / 禹春梅等著 . -- 北京：
中国宇航出版社，2023.12(2024.6 重印)
ISBN 978 - 7 - 5159 - 2329 - 1

Ⅰ.①火… Ⅱ.①禹… Ⅲ.①火箭－智能控制－概论
Ⅳ.①TJ7

中国国家版本馆 CIP 数据核字(2023)第 249079 号

责任编辑	侯丽平	**封面设计**	王晓武

**出版
发行　中国宇航出版社**

社　址	北京市阜成路 8 号　**邮　编**　100830	**版　次**	2023 年 12 月第 1 版 2024 年 6 月第 2 次印刷
	(010)68768548	**规　格**	787×1092
网　址	www.caphbook.com	**开　本**	1/16
经　销	新华书店	**印　张**	14　**彩　插**　4 面
发行部	(010)68767386　　(010)68371900	**字　数**	268 千字
	(010)68767382　　(010)88100613（传真）	**书　号**	ISBN 978 - 7 - 5159 - 2329 - 1
零售店	读者服务部　　(010)68371105	**定　价**	88.00 元
承　印	北京中科印刷有限公司		

本书如有印装质量问题，可与发行部联系调换

前　言

中国航天事业创建 60 多年以来，相继开展了以载人航天工程、探月工程和北斗工程为代表的多项重大工程任务。进入空间的核心工具是火箭，而运载火箭的"神经中枢"是控制系统，运载火箭控制系统在航天发射任务中的重要性不言而喻。

《火箭智能控制系统概论》一书，针对新时期航天运输任务（行星探测、空间轨道转移等）控制系统面临的环境不确定性大、任务复杂度高等特点，瞄准火箭智能控制系统发展需求而撰写的。随着信息技术、人工智能、电子技术等高新技术的发展，火箭的控制系统逐步形成了航天控制与信息综合深度融合下的智能控制系统，航天控制的内涵也从"制导—姿控"两重回路延伸到"指挥决策—制导—姿控"三重回路，航天控制得以发挥更大的作用。

全书包含 5 章内容，内容包括绪论、运载火箭"智能赋能"技术、运载火箭"机能增强"技术、软件定义运载火箭智能控制系统、运载火箭智能控制系统发展，着重论述感知识别、规划制导、姿态控制、电气综合（单机、硬件）、软件设计过程，旨在使读者能够系统地了解火箭智能控制系统概念、内涵及设计过程，为航天科研工作奠定专业基础。

本书的一大特色是在主要章节中均给出了具体的应用实例，其可作为运载火箭领域智能控制系统设计的指导性著作，可作为飞行器设计专业本科生教材，也可作为相关专业研究生和工程设计人员的参考书。

北京航天自动控制研究所禹春梅、王亮、程晓明、李刚、杜杠、白文艳、黄聪、杨文良、张伯川、聂莹、钟程、张义参与本书撰写，柳嘉润、尚腾、屈辰、王士锋等专家参与本书研讨、交流和审阅。全书由禹春梅审校定稿。

由衷感谢本领域前辈包为民院士、姜杰院士多年来一贯的支持和帮助。由于编写人员水平有限，书中难免有谬误之处，恳请广大读者批评指正。

禹春梅

2023 年 10 月

目　录

第1章　绪　论

1.1　航天运输系统发展脉络

运载火箭是进入空间的主要工具，决定着一个国家进入空间、利用空间和探索空间的能力，是航天能力建设的核心基础，也是国家现代科技发展水平和综合国力的重要标志。

截至 2022 年，以中国、美国、俄罗斯为代表的 10 余个国家拥有从本土发射进入太空的航天运输系统，修建了 20 多个大型航天发射场，进行了 6 000 余次航天发射。运载火箭近地轨道的运载能力从最早的几十千克，发展到 100 t 以上；活动范围从近地轨道拓展到月球、火星、金星以及太阳系之外，实现了卫星组网、载人登月、火星着陆、小行星探测等一系列成就。几十年来的航天活动促进了经济的发展和科学技术的进步，对人类社会生活产生了深远的影响。在这一过程中，运载火箭持续演进，在世界航天的蓬勃发展中发挥了举足轻重的作用。

1.1.1　运载火箭演进过程

近年来，世界航天科技飞速发展，载人空间站、太空旅游、载人月球探测及在轨科研试验等航天任务需求持续增长，这些航天重大科技工程对航天运输系统提出了新需求。

19 世纪末 20 世纪初，在一些工业比较发达的国家出现了一批航天先驱者，如苏联的齐奥尔科夫斯基、美国的戈达德和德国的奥伯特等。他们在理论和实践的基础上，着手设计和试验火箭。经过大约半个世纪的努力，德国研制的世界上第一枚弹道导弹 V2 于 1942 年发射成功。V2 导弹对现代运载火箭技术的发展起到了奠基作用，是航天运输系统发展史上的重要里程碑。

第二次世界大战结束后，苏联和美国分别在 V2 火箭的技术基础上研制成功了自己的运载火箭。苏联于 1957 年 10 月成功发射了世界上第一颗人造卫星，美国于 1958 年 1 月也将自己的卫星发射送入外太空。自此，运载火箭经历了"任务驱动""技术驱动"和"创新驱动"等发展阶段。这三个阶段已成为世界各国运载火箭独立发展的必经阶段。

由于各国航天基础工业的发展不尽相同，在描述火箭的演进过程时，不能仅根据年代划分发展阶段，还需根据火箭研制的基础工业水平以及能力特征进行描述。

(1)"任务驱动"阶段

这一阶段主要以政治、军事任务需求为核心。最具代表性的是美、苏太空霸权争夺过程中运载火箭的竞相发展，包括 1957 年"卫星号"火箭首次发射、1961 年"联盟号"实现首次载人飞行、1969 年"土星 V"首次载人登月、1981 年航天飞机首次飞行等，实现了可发射不同轨道、执行不同任务能力的运载火箭的"从无到有"。

这一阶段的运载火箭大多是基于弹道导弹改进而来，发动机推力较小，通常以单芯级为基础，通过并联发动机、捆绑固/液助推器、增加串联子级、加长子级模块等方式进行运载能力拓展，以完成质量更大的有效载荷投送任务，控制系统大多采用模拟电路和串口通信方式，箭上计算能力非常有限，无法执行复杂的控制算法。这一阶段典型的运载火箭代表有：联盟号、德尔它～德尔它Ⅲ、阿特拉斯 A～阿特拉斯Ⅱ、阿里安Ⅳ、土星 V、长征一号、长征二号、长征三号系列火箭等。

(2)"技术驱动"阶段

这一阶段主要以先进技术推动世界主流火箭升级换代为核心，以更加丰富多样的航天发射任务需求为牵引，构建运载火箭型谱，实现任务需求的能力全覆盖，并启动了"模块化、系列化"的新型运载火箭研制，如德尔它Ⅳ、阿里安Ⅴ以及我国的长征五号、长征七号等长征系列新一代运载火箭，其逐步成为进入空间的主力，完成了运载火箭"从有到优"的跨越。

这一阶段的运载火箭主要基于新技术，如更大推力、更加环保的新研发动机，基于数字电路、总线技术的新控制系统架构，以及更大直径、模块化的新箭体设计等，对基础型火箭进行改进或直接研发新型火箭，并通过捆绑固体助推器或捆绑通用芯级、增加先进上面级等方式，极大提升了火箭的运载能力，构建了高可靠、高任务适应性的全新运载火箭型谱。这一阶段的典型火箭代表有：阿特拉斯 V、德尔它 IV、阿里安 V、长征五号、长征六号、长征七号、长征八号等。

（3）"创新驱动"阶段

这一阶段主要以重型火箭和可重复使用火箭的研发为核心，伴随着商业航天的兴起，通过创新驱动的方式，进一步拓展了火箭的功能特征与任务执行范围。火箭飞行更加可靠，使得航天运输进入了一个可持续发展和经济高效的时代。最具代表性的是美国太空探索技术公司（SpaceX）的猎鹰系列火箭，通过创新运载火箭发展模式，以第一性原理重塑运载火箭设计制造理念，创新变革产品配套方式，实现了火箭一子级垂直回收并重复使用，促进了火箭"从优到智"的初步转变。同时美国太空发射系统（Space Launch System，SLS）、星舰等重型火箭都在为未来的月球基地建设、火星登陆任务积极开展飞行试验。

这一阶段的运载火箭主要具备以下特点：创新飞行模式，依托先进控制技术，使火箭具备垂直回收、在线辨识与控制重构等能力；研发新型动力系统，包括研发更大推力的 500 t 级发动机，采用比冲更大和更易于维护的液氧甲烷发动机等，使火箭具备更强的运载能力，同时向着易于重复使用方向发展；创新智能制造模式，采用新质材料和 3D 打印等技术，极大拓展了火箭的结构样式，提升了火箭的运载效率等。这些创新技术对运载火箭发展的驱动作用，一方面是商业航天竞争的需要，另一方面是各国深入太空，实现重返月球、行星探测等重大航天工程的航天运输需求。这一阶段的典型火箭代表有：美国的猎鹰 9 号、新谢泼德（New Shepard）等可重复使用火箭和美国的 SLS、星箭，中国的新一代载人运载火箭等重型火箭。

1.1.2　运载火箭的发展趋势

近年来，世界航天科技飞速发展，载人空间站、太空旅游、载人月球探测及在轨科研试验等航天任务需求持续增长。同时，月球、小行星等空间资源的开发和利用以及在轨制造已成为国际热点，世界航天已进入以大规模互联网星座、太空资源开发与利用、载人月球探测和深空探测等为代表的新阶段，预计到 21 世纪中叶，进入空间规模需求将超过十万吨，航天科技与人类社会将广泛而深度融合。

目前，世界主要航天国家正在积极部署地月空间、深空探测相关发展战略，并加紧推进实施，例如：

1) 美国持续推进深空探索的步伐，为实现太空任务规模化发展，发布《月球持续探索与开发规划》《国家航天政策》等顶层发展战略，描绘地月空间探索新愿景；联合多国，实施阿尔忒弥斯计划，计划于 2024 年载人重返月球，并在 2028 年后长期驻留，同时还投入建设月球轨道空间站；大型航天公司联合发射联盟（ULA）① 持续推动其"2046 地月空间-1000 计划"，基于火神火箭等产品，建设地月空间经济圈；SpaceX 公司正在大力推进巨型星座"星链"计划，抢占频谱与轨道资源，同时推进"星舰"新型运输系统研制，计划未来实现地月空间航班化运输。

2) 欧洲发布"航天 4.0"概念，并提出"月球村"倡议，营造欧洲对地月空间探索的牵引态势，英国、法国和意大利等国加入阿尔忒弥斯计划；提出"月光"构想，拟在月球部署通信、导航卫星网络；同时，大力发展小行星探测技术，有关国家通过空间资源法案，允许私人开采和拥有空间资源。

3) 俄罗斯出台《2016—2025 年联邦航天规划》和《月球计划实施路线图》等，将月球计划列为优先发展方向，宣布重启登月任务，明确月球基地、月球轨道站等的建设规划，全面加快俄罗斯月球探索步伐，联合发布《国际月球科研站路线图》，计划合作建设国际月球科研站。

---

① ULA 是美国波音公司和洛克希德·马丁公司的合资企业。

4）日本在《第四期中长期发展规划》中制定航天发展方向；成立月球工业委员会，发布《月球工业愿景：地球 6.0》白皮书，将月球视为未来前沿，主动掀起月球工业革命；国会通过法案，允许日本公司在得到政府许可的情况下开采和使用空间资源；加入阿尔忒弥斯计划；同时，在以"隼鸟 2 号"为代表的小行星探测方面具备技术优势。

5）中国载人月球探测三步走发展战略计划在 2030 年前实现载人登月，后续研究建造月球科研试验站，开展系统连续的载人月球探测活动。

在此关键历史节点上，世界主要航天国家都在大力开展地月及更远深空空间探索与开发，积极引领深空探测文明发展，这些航天重大科技工程对航天运输系统提出了新需求。

一是更强的运载能力需求，深空探测需进入空间能力突破百吨级，载人飞行由近地空间向月球以远拓展；

二是安全与维护需求，实现快速载荷部署，满足应急救援等需求，能够自主变轨支撑太空设施维护与安全；

三是发射与飞行能力需求，以空间站运营、低轨星座等为代表的大量卫星发射任务，年度发射将可能达到近百次，需要进一步提升发射成功率。

结合以微机光电、云计算、物联网等为代表的电子技术、信息技术和人工智能技术的发展应用以及可控核动力等新能源的开发与使用，未来的火箭将以火箭技术与智能信息化技术融合发展为总体思路，打通运载火箭全数字化闭环设计仿真试验制造主线，形成信息化高效集同的运载火箭研制流程，实现基于智能信息的运载火箭设计。

运载火箭智能控制系统的发展将是航天控制系统与人工智能理论、技术成果不断融合的过程。

1.2　运载火箭智能控制系统的概念与特征

1.2.1　运载火箭智能控制系统的概念

当前，学术界、工业界十分关注航天智能控制系统。航天控制系统面临着飞行环境、外部干扰、飞行任务、自身模型、故障模式不确定带来的诸多挑战。鲁棒控制、自适应控制、协调解耦控制等现代控制方法在航天工程中得到了应用，但未能全面而整体地解决问题，而智能控制有望成为系统性、综合性解决方案的可行途径。

火箭智能控制系统是指通过智能技术赋能，使运载火箭变得更聪明，主要技术指标得到显著提升或具备以往所不具备的能力；并能通过学习和训练，使能力得到持续提升；从而适应来自本体、环境和目标的不确定性，完成复杂的航天运输任务。

1.2.2　运载火箭智能控制系统的能力特征

在火箭智能控制系统的组成方面，主要由"测试与发射、感知识别、规划制导、姿态控制、执行以及学习与演进"等部分组成，如图 1-1 所示。

1）测试与发射。主要实现火箭的自主快速测发，对全箭进行射前的状态监测等。

2）感知识别。使用传感器与测量设备，使火箭实现环境与本体的识别、异常故障的诊断等。

3）规划制导。在辨识结果基础上，实现火箭的自主规划与决策、非程序制导以及制导重构等。

4）姿态控制。实现火箭的自适应姿态控制与姿控重构。

5）执行。实现喷管、栅格舵等执行机构对控制指令的准确执行。

6）学习与演进。一方面通过火箭在飞行中在线学习，在线提升飞行性能；另一方面是火箭通过全生命周期演进，使得地面中心设计的"辅助决策与控制策略"逐发演进，提升火箭的测发控与飞行控制的智能化水平。

综上，运载火箭智能控制系统的三个能力特征为：地面，简捷发射；飞行，随机应变；终身，自主演进。

1.2.2.1　地面，简捷发射

火箭智能控制系统可实现无人值守，通过远程快速自主测试、全面健康管理，实现测发设备减少 70% 以上，岗位人员减少 70% 以上；另外，可实现自

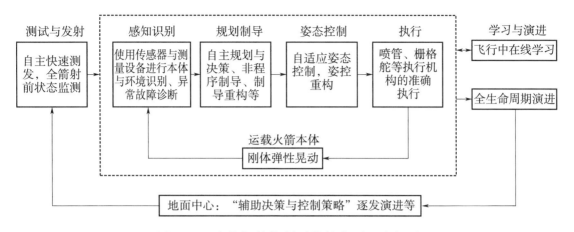

图 1-1 火箭智能控制系统的主要组成框图

主发射,通过多窗口自适应一键发射,发射窗口可自主决策,支持地外天体非人工干预发射。实现途径包括:

1) 通过自主健康管理,实现巡检测试及自动判读、故障诊断、健康评估及状态预测等射前辅助决策。

2) 通过自测试,实现远程测试、自动充放电、火工品自动短路/解保控制等,提升测试安全性。

3) 通过自发射,实现一键发射、多窗口多轨道自适应发射、预案自动执行、自动红线中止等,提升发射自主性。

支撑这一能力特征实现的控制系统产品需求:

1) 简化:系统单机化,单机单板化,单板器件化;

2) 集成:箭地一体化、软硬件一体化;

3) 通用:接口统一、结构统一,支持部段测试,利于敏捷开发。

1.2.2.2 飞行,随机应变

火箭智能控制系统可实现任务强适应:不同轨道、不同载荷、不同空间飞行任务,一次设计全适应;可实现不确定性强适应:适应不确定环境和本体模型,取消飞行轨迹风修正,降低对模态试验的依赖;可实现异常情况强适应:适应箭机、动力系统的非致命故障,使发射成功率提升1~2个百分点。实现途径包括:

1) 通过自感知、自辨识,实现对环境与模态感知、故障辨识等;

2）通过自决策、自规划，实现能力评估、任务决策、轨迹规划、推进剂分配等；

3）在无故障情况下，通过自适应、自优化，实现策略自适应、参数自优化；

4）在故障情况下，能够通过自重构，实现制导控制重构，挽救发射任务。

支撑这一能力特征实现的控制系统产品需求：

1）在"感知识别"方面，需要有丰富的感知模块，实现对飞行环境、状态以及异常故障的自感知、自识别；

2）在"规划制导"方面，需要具有高性能异构计算模块，高速信息传输，实现并行计算、软硬件资源动态调配；

3）在"姿态控制"方面，需具备可在线优化、可重构姿控模块，实现自主参数调整、控制能力动态分配；

4）在"执行"方面，需具备独立、解耦、通用的精细化执行机构，可实现灵敏反应、智能均衡配置等。

1.2.2.3　终身，自主演进

火箭智能控制系统可实现自主学习：包括控制参数与控制策略的在线学习、自主优化，减少对总体大型试验与分系统地面半实物试验的依赖，研制效率提升50％以上；可实现快速迭代：注重数据的积累与利用，进行控制模型持续修正，实现型号全生命周期性能不断提升、越飞越优。实现途径包括：

1）通过数据生成、管理与挖掘，完成飞行与试验数据的生成、采集、存储、清洗、挖掘等；

2）基于这些数据，通过智能化设计方案，支撑快速设计与飞行中的边飞边学及性能持续提升，实现设计智能化；

3）基于数据积累，通过设计参数一发比一发优，本体模型一发比一发准，实现设计自演化。

支撑这一能力特征实现的控制系统产品需求：

1）在"在线设计与学习"方面，可开展模块化设计，其中控制模块和软件可快速迭代、在线替换与升级，具备 AI 架构与在线学习功能，支撑神经网络并行计算、在线训练；

2）在"终身学习"方面，满足大型学习与训练的强算力需求，支撑全生命周期数据挖掘、系统方案持续优化。

1.2.3 信息驱动下的运载火箭智能控制系统新特点

运载火箭智能控制系统中包含丰富多样的信息，主要包括两大类：一类是确定性信息，如飞行任务、在轨星座等；另一类是不确定性信息，如空间碎片、本体故障、突发事件等。利用好这些信息来支撑运载火箭应对飞行中的复杂环境、任务和突发事件，是提升火箭可靠性和安全性的基础。

运载火箭智能控制系统通过"机能增强"，可实现对信息的可靠获取、可信传输与高效处理；通过航天控制与信息综合深度融合下的"智能赋能"，使航天控制的内涵从"制导—姿控"两重回路延伸到"指挥决策—制导—姿控"三重回路（图 1-2），以应对航天运输中复杂环境、任务、突发状况，实现控制的意图。其中，第一个、第二个回路分别是传统的姿控回路、制导回路；第三个回路是指挥决策回路，在感知任务态势的基础上，实现故障状态下的轨道降级、重复使用飞行器的备降等。

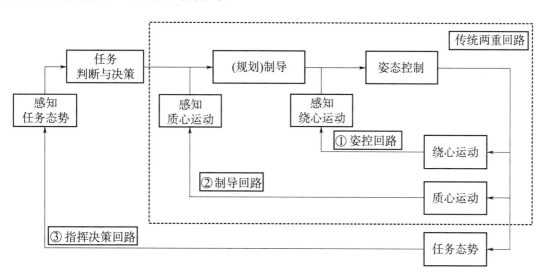

图 1-2 指挥决策—制导—姿控三重回路下的火箭智能控制系统

1.3　小结

　　本章首先对航天运输系统发展脉络进行了系统介绍，分析了运载火箭演进过程与发展趋势，结合未来运载火箭发展形态梳理出火箭智能控制系统的概念、能力特征，最后总结提炼出信息驱动下的火箭智能控制系统新特点，为"智能赋能""机能增强"技术研究指明了方向，书中将初步建立面向新型运载火箭应用的智能控制与智能算法、算力、硬件等相对应的技术体系，并探索出一条有航天特色的智能飞行控制系统研究的实施途径，向新一代火箭研制迈出坚实的一步。

第 2 章　运载火箭"智能赋能"技术

2.1　概述

运载火箭的控制技术伴随着控制理论的发展不断革新，已经经历了萌芽期、古典控制和现代控制三个阶段，正在迈向第四个阶段——智能控制阶段，通过对运载火箭的控制技术进行"智能赋能"，提升运载火箭的智慧性、自主性以及可靠性，所涉及的智能控制技术将是人工智能及相关前沿技术的综合体现。

运载火箭的"智能赋能"是在信息驱动下，利用离线和在线获得的大量信息，将人工智能技术与航天控制技术相融合，赋予航天控制新的能力，使运载火箭的整体性能得到提升，并具备以往不具备的能力。

2.1.1　运载火箭的"智能赋能"需求

随着世界航天运输系统的快速发展，以及可重复使用火箭的研制，运载火箭控制系统的适应性、可靠性、自主性亟需提升，需要能够适应更大的偏差、更恶劣的环境，同时具备训练、学习、演进的能力，以应对日益复杂的航天任务对火箭控制系统提出的更高需求。针对以上需求，传统控制方法在面对新的航天运输任务时，存在应对能力不足、适应性不强等问题。

目前运载火箭控制系统依靠显式制导方法和基于幅值与相位裕度余量的姿控方法来包容全箭出现故障引起的小偏差问题，其控制方法能满足现有任务要求，在小偏差范围内具有一定的稳定性，可以保证有效载荷顺利入轨，但在全箭飞行过程中出现较大故障和较大偏差时，难以快速完成轨迹重构与制导姿控重构、实现对运载火箭发射任务的挽救，因此提升火箭对故障和干扰等的适应性迫在眉睫。

因此，在航天发射任务对运载火箭控制系统不断提出更高要求的同时，运载火箭的控制技术需要持续创新，以适应更加复杂的任务要求。智能控制是一种无需或仅需少量人为干预就能独立地驱动智能机器实现对目标的自动控制，主要用来解决传统控制方法难以解决的复杂系统的控制问题。在面对紧急的故障、不确定的风场环境甚至未来日益增多的空间碎片威胁时，通过智能控制来"智能赋能"运载火箭控制系统，使运载火箭能够自主感知识别外部环境与本体特征、决策规划新的飞行轨迹、在线重构制导姿控参数等，是增强运载火箭在复杂空间环境中的主动应对能力、大幅提升运载火箭的控制性能的一种重要方式。

2.1.2　运载火箭控制系统的"智能赋能"特征

根据运载火箭对控制系统"智能赋能"的需求，结合现有控制技术在航天工程中的实践，"智能赋能"下的运载火箭控制系统应具备自主信息获取、自主决策与规划、自主调整与适应等的能力，基于以上认知，运载火箭控制系统在"智能赋能"下的主要特征如下。

一是具备智能感知与识别的特征，在运载火箭飞行过程中，控制系统能够主动利用和融合多源信息，对运载火箭的本体参数、故障情况进行感知、定位与识别，如运载火箭的弹性特征、推力损失等，同时能够对飞行环境进行感知与识别，如高空风、空间碎片等；能够基于传感器信息和智能识别算法，精准处理感知到的信息，进而为制导控制系统提供准确的输入。

二是具备智能规划与制导的特征，运载火箭在获得准确的本体信息和环境信息后，能够快速评估自身的飞行能力并决策目标轨道和飞行时序，能够智能地完成轨迹规划和制导重构，使运载火箭免受碰撞损伤或尽可能地避免故障，将运载火箭导引至救援轨道、降级轨道或原轨道；对于重复使用运载火箭，还需要运载火箭在垂直返回过程中，智能适应飞行状态的散布和落点要求，完成高精度的安全着陆。

三是具备智能姿态控制的特征，需要姿控系统能够利用先进控制方法，在线优化与调整控制参数，以适应火箭在不确定性及扰动下的高精度姿态控制技术，基于观测器估计、模型参考调整等方法，实现对运载火箭结构偏差、弹性以及故障等本体不确定性和非连续气动、风等外部扰动的补偿与自适应控制，在满足运载火箭准确跟踪参考输入的同时，具备足够的自适应与抗扰性能，进而具备适应本体不确定性、复杂飞行环境及应对突发事件能力。

2.2　智能感知与识别方法

运载火箭感知与识别主要包括对运载火箭本体模型参数如弹性频率、故障信息等的辨识，以及对飞行过程中环境信息如高空风场、空间碎片等的感知识别，以为运载火箭的强适应控制、智能在线重构、规划与决策等提供准确的输入信息。

2.2.1　运载火箭本体信息的感知与识别技术

2.2.1.1　运载火箭弹性在线识别技术

目前，运载火箭控制系统对于弹性振动影响的处理主要采用幅值稳定和相位稳定两种方法。考虑到箭体弹性一次振型频率较低，一般采用相位稳定方法，将弹性振动信号作为控制信号的一部分，通过控制装置中的校正网络整形得到合适相位，从而对弹性振动产生附加阻尼作用。而对于频率较高的二阶和二阶以上的弹性振动，则采用幅值稳定方法，重点通过选择合适的传感器安装位置并设计合适的滤波网络（包括高频滤波和陷波网络），避免弹性振动信息进入反馈控制系统之中。无论上述哪种方式，均需明确获知弹性振动模态频率和振型信息，然而在发射过程中，随着推进剂的消耗，弹性振动模态频率和振型均会发生改变，因此，尽管可以通过地面振动测试获得发射时刻的弹性振动模态信息，但发射过程中的振动模态变化则难以直接测量获得，仅能通过传感信息和先验模型进行估计。除了弹性信息的不确定性，运载火箭的俯仰、偏航、滚转多个动态通道会受到风干扰、质量变化、局部湍流等多种因素的影响。

　　然而，传统的控制算法在突发扰动或模型参数不准确时，控制性能难以保证，同时需要大量的反复调试与重复试验验证，这种模式难以适应时间紧、任务重的形势。亟需借力现代自适应控制理论以及人工智能技术的赋能特性，将智能学习算法引入控制系统中，不仅对所在的环境与自身的本体特征（如内外扰动以及弹性状态）进行估计，同时对控制律及调参策略进行学习，形成一种会自动学习的新型智能飞行控制理论和方法，弱化系统建模和人工调参过程，增强控制系统对飞行环境以及自身特性变化的自适应性以及智能性，从而适应未来火箭智能控制系统的发展需求。

　　运载火箭本体辨识是在一定的辨识准则下，找到模型类中最匹配数据集的模型。它由三要素组成：数据集、模型类和辨识准则。数据集是系统运行或试验设计通过量测元件获得的数据集合，这是开展系统辨识的基础；选择合适的模型类是系统辨识的重要部分，但系统辨识包含比建模更为宽泛的内容，如数据可能来源于实验室、试验现场、所用的测试装置以及系统的运行过程等；辨识准则的选择也会对辨识的结果产生重要的影响，因为辨识准则的选择就给定了基于数据集与模型类中产生的数据残差的指标要求，在不同指标要求下构造的辨识方法并不相同，从而辨识结果也会受到相应的影响。目前，在不同的准则指引下，系统辨识吸收了来自统计分析和时间序列分析在内的大量成果，其中包括在系统辨识中有较多发展的最小二乘算法、大数定律、收敛性分析、条件期望、随机逼近、极大似然估计、CR 界、Akaike's 信息准则、Fisher 信息量等。

　　（1）基于惯性信息的弹性在线辨识技术

　　基于惯性信息的弹性在线辨识技术，是通过采用基于 CZT 变换的弹性频率在线辨识模块对弹性频率进行实时辨识，并利用辨识得到的弹性频率实时修正弹性观测器及自适应控制器的系数，实现弹性的自适应控制。最后，计算弹性自适应控制系统的环路传递函数，并对弹性自适应控制的频域稳定性进行分析，提升姿态控制的稳定性、抗扰能力以及对弹性模态变化的自适应能力。基于惯性信息的弹性在线辨识技术总体方案如图 2-1 所示。

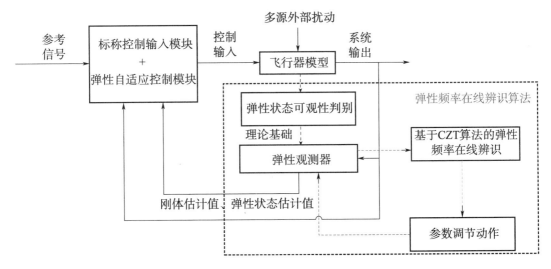

图 2 - 1　基于惯性信息的弹性在线辨识技术总体方案

①弹性状态观测方程建立及弹性可观性分析

根据总体提供的模型信息，建立刚体和弹性的动力学模型，进而将刚体通道中的总扰动当作扩张状态建立扩展的状态空间模型，将低频弹性（一阶或两阶弹性）作为观测状态，建立扩张状态的弹性观测模型，用于弹性观测器的设计。

在弹性状态估计前，应首先分析弹性状态的可观性，因此本部分基于弹性观测模型研究弹性状态可观性判别准则，对纯刚体及弹性状态的可观性进行分析与判别，对于不可观的弹性部分，定量给出不可观弹性状态的观测误差。

首先，箭体姿态运动模型可表示为

$$
\begin{cases}
\ddot{\psi} = -\overline{b}_1^{\psi}\dot{\psi} - \overline{b}_2^{\psi}\psi - \overline{b}_{3x}^{\psi}\delta_{\psi x} - \overline{b}_{3z}^{\psi}\delta_{\psi z} + F(\psi,\dot{\psi},\delta_{\psi x},\delta_{\psi z},\ddot{\delta}_{\psi x},\ddot{\delta}_{\psi z},q_1,q_2,\dot{q}_1,\dot{q}_2,t) \\
\ddot{q}_i = -2\overline{\xi}_i\overline{\omega}_i\dot{q}_i - \overline{\omega}_i^2 q_i + \overline{D}_{1i}^{\psi}\dot{\psi} + \overline{D}_{2i}^{\psi}\psi + \\
\quad\quad \sum_j (\overline{R}'^{\psi}_{ij}\dot{q}_j + \overline{R}^{\psi}_{ij}q_j) + \overline{D}_{3xi}^{\psi}\delta_{\psi x} + \overline{D}_{3zi}^{\psi}\delta_{\psi z} + \\
\quad\quad M_i(\psi,\dot{\psi},\delta_{\psi x},\delta_{\psi z},\ddot{\delta}_{\psi x},\ddot{\delta}_{\psi z},q_1,q_2,\dot{q}_1,\dot{q}_2,t)
\end{cases}
$$

$$(2-1)$$

其中，$\overline{b}_2^{\psi}$ 代表参数 b_2^{ψ} 的标称值，其他符号的意义类似。

偏航角误差通道内的"总扰动"，包含气动参数变化、风以及常值干扰等产生的总效应，计算公式为

$$
\begin{aligned}
F(\cdot) = & (\bar{b}_1^\psi - b_1^\psi)\dot{\psi} + (\bar{b}_2^\psi - b_2^\psi)\psi + b_2^\psi\sigma + \\
& (\bar{b}_{3z}^\psi - b_{3z}^\psi)\delta_{\psi z} - b''^{\psi}_{3z}\ddot{\delta}_{\psi z} + (\bar{b}_{3x}^\psi - b_{3x}^\psi)\delta_{\psi x} - b''^{\psi}_{3x}\ddot{\delta}_{\psi x} - \\
& \sum_i (b_{1i}^\psi\dot{q}_i + b_{2i}^\psi q_i) - \sum_p (b_{4p}^\psi\Delta\ddot{z}_p - b_{5p}^\psi\Delta z_p) - \\
& \overline{M}_{BY} - b_2^\psi(\beta_{wp} + \tau\beta_{wq})
\end{aligned}
\tag{2-2}
$$

第 i 阶弹性模态通道内的"总扰动"，包含气动参数变化、风以及常值干扰等产生的总效应，计算公式为

$$
\begin{aligned}
M_i(\cdot) = & (2\bar{\xi}_i\bar{\omega}_i - 2\zeta_i\omega_i)\dot{q}_i + (\bar{\omega}_i^2 - \omega_i^2)q_i + \\
& (D_{1i}^\psi - \overline{D}_{1i}^\psi)\dot{\psi} + D_{2i}^\psi(\beta + \beta_{wp} + \tau\beta_{wq}) - \overline{D}_{2i}^\psi\psi + \\
& (D_{3zi}^\psi - \overline{D}_{3zi}^\psi)\delta_{\psi z} + D''^{\psi}_{3zi}\ddot{\delta}_{\psi z} + (D_{3xi}^\psi - \overline{D}_{3xi}^\psi)\delta_{\psi x} + D''^{\psi}_{3xi}\ddot{\delta}_{\psi x} + \\
& \sum_p (G''^{\psi}_{ip}\Delta\ddot{z}_p + G_{ip}^\psi\Delta z_p) + \\
& \sum_j [(R'^{\psi}_{ij} - \overline{R}'^{\psi}_{ij})\dot{q}_j + (R_{ij}^\psi - \overline{R}_{ij}^\psi)q_j] - \overline{Q}_{zi}
\end{aligned}
\tag{2-3}
$$

另一方面，由于系统的量测方程为（先考虑量测量 ψ_{st} 和 $\dot{\psi}_{st}$ ）

$$
\begin{cases}
\psi_{st} = \psi - \overline{R}_{y1}(x_{st})q_1 - \overline{R}_{y2}(x_{st})q_2 \\
\dot{\psi}_{st} = \dot{\psi} - \overline{R}_{y1}(x_{st})\dot{q}_1 - \overline{R}_{y2}(x_{st})\dot{q}_2
\end{cases}
\tag{2-4}
$$

设系统状态 $\boldsymbol{X} = [\psi, q_1, q_2, \dot{\psi}, \dot{q}_1, \dot{q}_2]^{\mathrm{T}}$ 为需要估计的状态，则系统可等价为

$$
\begin{cases}
\dot{\boldsymbol{X}} = \boldsymbol{AX} + \boldsymbol{B}_\delta\boldsymbol{u}_\delta + \boldsymbol{M} + \boldsymbol{BF}(\cdot) \\
\boldsymbol{Y} = \boldsymbol{CX}
\end{cases}
\tag{2-5}
$$

其中

$$\boldsymbol{A} = \begin{bmatrix} 0 & 0 & 0 & 1 & 0 & 0 \\ 0 & 0 & 0 & 0 & 1 & 0 \\ 0 & 0 & 0 & 0 & 0 & 1 \\ -\overline{b}_2^{\psi} & 0 & 0 & -\overline{b}_1^{\psi} & 0 & 0 \\ \overline{D}_{21}^{\psi} & -\overline{\omega}_1^2 & \overline{R}_{12}^{\psi} & \overline{D}_{11}^{\psi} & -2\overline{\xi}_1\overline{\omega}_1 & R'_{12}^{\psi} \\ \overline{D}_{22}^{\psi} & \overline{R}_{21}^{\psi} & -\overline{\omega}_2^2 & \overline{D}_{12}^{\psi} & \overline{R}'_{21}^{\psi} & -2\overline{\xi}_2\overline{\omega}_2 \end{bmatrix}, \boldsymbol{B}_{\delta} = \begin{bmatrix} 0 & 0 \\ 0 & 0 \\ 0 & 0 \\ -\overline{b}_{3x}^{\psi} & -\overline{b}_{3z}^{\psi} \\ \overline{D}_{3x1}^{\psi} & \overline{D}_{3z1}^{\psi} \\ \overline{D}_{3x2}^{\psi} & \overline{D}_{3z2}^{\psi} \end{bmatrix}, \boldsymbol{B} = \begin{bmatrix} 0 \\ 0 \\ 0 \\ 1 \\ 0 \\ 0 \end{bmatrix}$$

$$\boldsymbol{M} = \begin{bmatrix} 0 & 0 & 0 & 0 & M_1(\cdot) & M_2(\cdot) \end{bmatrix}^{\mathrm{T}}, \boldsymbol{u}_{\delta} = \begin{bmatrix} \delta_{\psi x} \\ \delta_{\psi z} \end{bmatrix}$$

$$\boldsymbol{C} = \begin{bmatrix} \boldsymbol{c}_1 \\ \boldsymbol{c}_2 \end{bmatrix}, \boldsymbol{c}_1 = \begin{bmatrix} 1 & -\overline{R}_{y1}(x_{st}) & -\overline{R}_{y2}(x_{st}) & 0 & 0 & 0 \end{bmatrix}$$

$$\boldsymbol{c}_2 = \begin{bmatrix} 0 & 0 & 0 & 1 & -\overline{R}_{y1}(x_{st}) & -\overline{R}_{y2}(x_{st}) & 0 \end{bmatrix}$$

系统的可观性分析及弹性自适应控制器设计如下。

已知系统中状态 $\boldsymbol{X} = \begin{bmatrix} \psi, & q_1, & q_2, & \dot{\psi}, & \dot{q}_1, & \dot{q}_2 \end{bmatrix}^{\mathrm{T}}$ 以及总扰动 $\boldsymbol{F}(\cdot)$ 可观的必要条件为

$$\boldsymbol{c}_1 \boldsymbol{A}^i \boldsymbol{B}_{\delta} = \boldsymbol{0}, i = 0, 1, \cdots, 4 \qquad (2-6)$$

可验证系统（2 – 5）并不能满足式（2 – 6），即设计观测器 $\boldsymbol{X} = \begin{bmatrix} \psi, & q_1, & q_2, & \dot{\psi}, & \dot{q}_1, & \dot{q}_2 \end{bmatrix}^{\mathrm{T}}$ 以及总扰动 $\boldsymbol{F}(\cdot)$ 会有固有偏差，而固有偏差不能通过改变观测器结构和参数而减小。虽然 $\boldsymbol{X} = \begin{bmatrix} \psi, & q_1, & q_2, & \dot{\psi}, & \dot{q}_1, & \dot{q}_2 \end{bmatrix}^{\mathrm{T}}$ 以及总扰动 $\boldsymbol{F}(\cdot)$ 的估计存在固有误差，但下面定理的理论结果将得到该固有偏差的大小，并由此可作为设计观测器估计总扰动 $\boldsymbol{F}(\cdot)$ 的依据。

对于积分串联型系统，可以证明系统的状态和"总扰动"一定满足可观性。而由于系统结构不再为积分串联型，因此其系统的状态和"总扰动"可观性分析是设计扩张状态观测器及相应扰动补偿控制的前提。

不妨考虑利用观测量 ψ_{st} 的情况，将 $\boldsymbol{F}(\cdot)$ 视为刚体方程中的"总扰动"，将它作为系统的一个扩张状态，则系统方程变为

$$\begin{cases} \dot{\boldsymbol{X}}_c = \overline{\boldsymbol{A}}\boldsymbol{X}_c + \overline{\boldsymbol{B}}_{\delta}\boldsymbol{u}_{\delta} + \overline{\boldsymbol{M}} \\ \psi_{st} = \overline{\boldsymbol{C}}\boldsymbol{X} \end{cases} \qquad (2-7)$$

其中
$$\boldsymbol{X}_c = \begin{bmatrix} \boldsymbol{X} \\ \boldsymbol{F} \end{bmatrix} = [\psi, q_1, q_2, \dot{\psi}, \dot{q}_1, \dot{q}_2, \boldsymbol{F}]^{\mathrm{T}}$$

$$\overline{\boldsymbol{A}} = \begin{bmatrix} \boldsymbol{A} & \boldsymbol{B}_\delta \\ \boldsymbol{0} & \boldsymbol{0} \end{bmatrix}$$

$$\overline{\boldsymbol{B}}_\delta = \begin{bmatrix} \boldsymbol{B}_\delta \\ \boldsymbol{0} \end{bmatrix}$$

$$\overline{\boldsymbol{C}} = \begin{bmatrix} \boldsymbol{c}_1 & \boldsymbol{0} \end{bmatrix}$$

$$\overline{\boldsymbol{M}} = \begin{bmatrix} 0 & 0 & 0 & 0 & \overline{M}_1(\cdot) & \overline{M}_2(\cdot) & \dot{\boldsymbol{F}} \end{bmatrix}^{\mathrm{T}}$$

针对式（2-5）可设计相应的扩张状态观测器（ESO）为

$$\dot{\boldsymbol{z}} = \overline{\boldsymbol{A}}\boldsymbol{z} + \overline{\boldsymbol{B}}_\delta \boldsymbol{u}_\delta + \overline{\boldsymbol{L}}(\psi_{st} - \overline{\boldsymbol{C}}\boldsymbol{z}) \qquad\qquad (2-8)$$

其中，$\boldsymbol{z}$ 为对 $\boldsymbol{X}_c = \begin{bmatrix} \boldsymbol{X} \\ \boldsymbol{F} \end{bmatrix}$ 的估计值；矩阵 $\overline{\boldsymbol{A}}$，$\overline{\boldsymbol{C}}$ 中参数选取为特征点参数的平均值。

ESO 的增益 $\overline{\boldsymbol{L}}$ 通常取为常值，将矩阵 $\overline{\boldsymbol{A}}$ 中气动参数取为整个时间段中标称参数的平均值，通过设计 ESO，估计误差动态系统矩阵 $(\overline{\boldsymbol{A}} - \overline{\boldsymbol{L}}\,\overline{\boldsymbol{C}})$。设 $(\overline{\boldsymbol{A}} - \overline{\boldsymbol{L}}\,\overline{\boldsymbol{C}})$ 的特征值均为 -10，即 ESO 的带宽为 $10\ \mathrm{rad/s}$，进而得到 $\overline{\boldsymbol{L}}$ 的值。

传递函数为

$$\boldsymbol{Z} = (s\boldsymbol{I} - \overline{\boldsymbol{A}} + \overline{\boldsymbol{L}}\,\overline{\boldsymbol{C}})^{-1}\overline{\boldsymbol{L}}\psi_{st}$$

对于式（2-5）和式（2-8），有如下结论

$$\left\| \boldsymbol{z}(t) - \begin{bmatrix} \boldsymbol{X}(t) \\ \boldsymbol{F}(t) \end{bmatrix} - \boldsymbol{G}(t) \right\| \leqslant \gamma_1 \mathrm{e}^{-\gamma_2 \omega_0 t} + \frac{\gamma_1}{\omega_0}, t \geqslant 0, \forall \omega_0 > 0 \qquad (2-9)$$

其中，γ_1 和 γ_2 为常数，$\boldsymbol{G}(t)$ 满足

$$\boldsymbol{G}(t) = \begin{bmatrix} \boldsymbol{c}_1 & 0 \\ \boldsymbol{c}_1\boldsymbol{A} & \boldsymbol{c}_1\boldsymbol{B} \\ \boldsymbol{c}_1\boldsymbol{A}^2 & \boldsymbol{c}_1\boldsymbol{A}\boldsymbol{B} \\ \boldsymbol{c}_1\boldsymbol{A}^3 & \boldsymbol{c}_1\boldsymbol{A}^2\boldsymbol{B} \\ \boldsymbol{c}_1\boldsymbol{A}^4 & \boldsymbol{c}_1\boldsymbol{A}^3\boldsymbol{B} \\ \boldsymbol{c}_1\boldsymbol{A}^5 & \boldsymbol{c}_1\boldsymbol{A}^4\boldsymbol{B} \\ \boldsymbol{c}_1\boldsymbol{A}^6 & \boldsymbol{c}_1\boldsymbol{A}^5\boldsymbol{B} \end{bmatrix}^{-1} \begin{bmatrix} 0 & 0 & 0 & 0 & 0 \\ 0 & 0 & 0 & 0 & 0 \\ \boldsymbol{c}_1\boldsymbol{B} & 0 & 0 & 0 & 0 \\ \boldsymbol{c}_1\boldsymbol{A}\boldsymbol{B} & \boldsymbol{c}_1\boldsymbol{B} & 0 & 0 & 0 \\ \boldsymbol{c}_1\boldsymbol{A}^2\boldsymbol{B} & \boldsymbol{c}_1\boldsymbol{A}\boldsymbol{B} & \boldsymbol{c}_1\boldsymbol{B} & 0 & 0 \\ \boldsymbol{c}_1\boldsymbol{A}^3\boldsymbol{B} & \boldsymbol{c}_1\boldsymbol{A}^2\boldsymbol{B} & \boldsymbol{c}_1\boldsymbol{A}\boldsymbol{B} & \boldsymbol{c}_1\boldsymbol{B} & 0 \\ \boldsymbol{c}_1\boldsymbol{A}^4\boldsymbol{B} & \boldsymbol{c}_1\boldsymbol{A}^3\boldsymbol{B} & \boldsymbol{c}_1\boldsymbol{A}^2\boldsymbol{B} & \boldsymbol{c}_1\boldsymbol{A}\boldsymbol{B} & \boldsymbol{c}_1\boldsymbol{B} \end{bmatrix} \begin{bmatrix} F^{(1)} \\ F^{(2)} \\ F^{(3)} \\ F^{(4)} \\ F^{(5)} \end{bmatrix} +$$

$$\begin{bmatrix} \boldsymbol{c}_1 & 0 \\ \boldsymbol{c}_1\boldsymbol{A} & \boldsymbol{c}_1\boldsymbol{B} \\ \boldsymbol{c}_1\boldsymbol{A}^2 & \boldsymbol{c}_1\boldsymbol{A}\boldsymbol{B} \\ \boldsymbol{c}_1\boldsymbol{A}^3 & \boldsymbol{c}_1\boldsymbol{A}^2\boldsymbol{B} \\ \boldsymbol{c}_1\boldsymbol{A}^4 & \boldsymbol{c}_1\boldsymbol{A}^3\boldsymbol{B} \\ \boldsymbol{c}_1\boldsymbol{A}^5 & \boldsymbol{c}_1\boldsymbol{A}^4\boldsymbol{B} \\ \boldsymbol{c}_1\boldsymbol{A}^6 & \boldsymbol{c}_1\boldsymbol{A}^5\boldsymbol{B} \end{bmatrix}^{-1} \begin{bmatrix} 0 & 0 & 0 & 0 & 0 & 0 \\ 0 & 0 & 0 & 0 & 0 & 0 \\ \boldsymbol{c}_1\boldsymbol{B}_2 & 0 & 0 & 0 & 0 & 0 \\ \boldsymbol{c}_1\boldsymbol{A}\boldsymbol{B}_2 & \boldsymbol{c}_1\boldsymbol{B}_2 & 0 & 0 & 0 & 0 \\ \boldsymbol{c}_1\boldsymbol{A}^2\boldsymbol{B}_2 & \boldsymbol{c}_1\boldsymbol{A}\boldsymbol{B}_2 & \boldsymbol{c}_1\boldsymbol{B}_2 & 0 & 0 & 0 \\ \boldsymbol{c}_1\boldsymbol{A}^3\boldsymbol{B}_2 & \boldsymbol{c}_1\boldsymbol{A}^2\boldsymbol{B}_2 & \boldsymbol{c}_1\boldsymbol{A}\boldsymbol{B}_2 & \boldsymbol{c}_1\boldsymbol{B}_2 & 0 & 0 \\ \boldsymbol{c}_1\boldsymbol{A}^4\boldsymbol{B}_2 & \boldsymbol{c}_1\boldsymbol{A}^3\boldsymbol{B}_2 & \boldsymbol{c}_1\boldsymbol{A}^2\boldsymbol{B}_2 & \boldsymbol{c}_1\boldsymbol{A}\boldsymbol{B}_2 & \boldsymbol{c}_1\boldsymbol{B}_2 & 0 \end{bmatrix} \begin{bmatrix} [M_1, M_2]^T \\ [M_1^{(1)}, M_2^{(1)}]^T \\ [M_1^{(2)}, M_2^{(2)}]^T \\ [M_1^{(3)}, M_2^{(3)}]^T \\ [M_1^{(4)}, M_2^{(4)}]^T \\ [M_1^{(5)}, M_2^{(5)}]^T \end{bmatrix}$$

②基于弹性观测器的刚体、弹性信息在线分离技术

弹性观测器利用惯组和速率陀螺的量测信息,对混合的刚体运动信息及弹性振动信息进行分离提取,得到纯刚体的姿态角及角速度,以及广义弹性及广义弹性导数状态信息,作为弹性自适应控制的输入信息。

弹性观测器设计为

$$\dot{\boldsymbol{z}} = \overline{\boldsymbol{A}}\boldsymbol{z} + \overline{\boldsymbol{B}}_\delta \boldsymbol{u}_\delta + \overline{\boldsymbol{L}}(\psi_{st} - \overline{\boldsymbol{C}}\boldsymbol{z}) \tag{2-10}$$

其中,$\boldsymbol{z}$ 为对 $\boldsymbol{X}_c = \begin{bmatrix} \boldsymbol{X} \\ \boldsymbol{F} \end{bmatrix}$ 的估计值。

通过使 $(\overline{\boldsymbol{A}} - \overline{\boldsymbol{L}}\,\overline{\boldsymbol{C}})$ 的特征值均为 -10,得到 $\overline{\boldsymbol{L}}$ 的值。从而根据估计值 $\boldsymbol{z}$ 分别得到 $\begin{bmatrix} \boldsymbol{X} \\ \boldsymbol{F} \end{bmatrix} = [\psi, q_1, q_2, \dot{\psi}, \dot{q}_1, \dot{q}_2, \boldsymbol{F}]^T$ 的值,实现刚体和弹性状态的分离。

③基于递推 CZT 变换的限定记忆弹性频率在线辨识

根据上述弹性观测器分离得到的一阶（或低阶）弹性振动信息，基于递推 CZT 变换的限定记忆弹性在线辨识算法（图 2 - 2），通过限定记忆，确保只利用当前时间窗口（时间窗口长度需根据弹性频率设置）观测得到的广义弹性振动信息，从而提高弹性频率辨识结果的准确性；通过递推 CZT 变换，将时域的一阶弹性振动信息在线转换为其频域信息，从而通过频域信息分离辨识得到一阶弹性频率。辨识得到的弹性频率可以进一步修正弹性观测器中使用的弹性频率信息，提高弹性观测器的准确性。

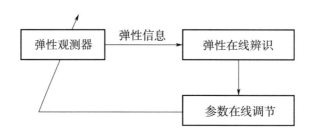

图 2 - 2　基于递推 CZT 变换的限定记忆弹性频率在线辨识算法

基于递推 CZT 变换的限定记忆弹性频率在线辨识具体算法如下：

设记忆的时间序列长度为 L，即仅利用最近观测得到的 L 拍广义弹性振动信息，作为输入信息。记当前为第 i 个采样周期，$i = 0$，1，$\cdots$。

当 $i \leqslant L$ 时，属于限定记忆算法的启动阶段，与增长记忆的递推算法相同。

当 $i > L$ 时，CZT 变换只采用最近 L 次采样数据

$$\widetilde{x}_k \mid_{t=t_i} = \sum_{j=i-L}^{i-1} x_j C_k^{j-i+L} \tag{2-11}$$

若用递推方式实现，则需在上一时刻的基础上，舍弃记忆中最早的信息，并加入当前最新的数据。

$$
\begin{aligned}
\widetilde{x}_k \mid_{t=t_i} &= [\widetilde{x}_k \mid_{t=t_i} - x_{i-L-1} \cdot C_k^0] \cdot C_k^{-1} + x_{i-1} \cdot C_k^{L-1} \\
&= [\widetilde{x}_k \mid_{t=t_i} - x_{i-L-1}] \cdot C_k^{-1} + x_{i-1} \cdot C_k^{L-1}
\end{aligned} \tag{2-12}
$$

式中，x_{i-L-1} 可以通过对激励信号序列实施长度为 L 的记忆缓存来实现。

最后，根据下式得到 CZT 变换结果

$$\tilde{x}(f_k) = \Delta t \cdot \tilde{x}_k \tag{2-13}$$

至此已将时域的一阶弹性振动信息转换为其频域信息。进一步对频域信息进行处理，得到能量最大处的频率，即为弹性频率。

（2）基于光纤光栅的弹性辨识技术

除了利用惯性量测信息来进行弹性辨识外，还可采用在箭体相应位置布置光纤光栅的方法来进行弹性辨识，该方案是通过将光纤光栅贴片式布置在箭体结构上，利用光纤光栅敏感到的火箭箭体实时应变，通过辨识算法获得弹性模态相关参数，如图 2 - 3 所示。

此技术方案分为感知、辨识两个部分。首先，利用光纤光栅解调系统，进行箭体信号采集及解调，实现应变的实时感知；接着，通过参数模型功率谱分析、特征系统实现法（Eigen - system Realization Algorithm，ERA）两种不同的技术途径实现弹性频率在线辨识。

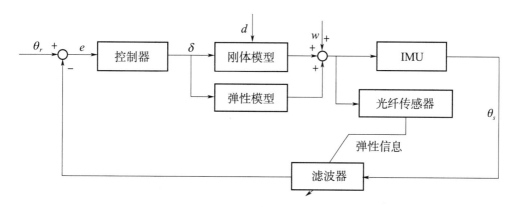

图 2 - 3 基于光纤光栅的弹性辨识技术方案示意图

①箭体光纤信号的采集及解调

将光纤光栅布置在箭体相应位置，进行相关信号的感知和测量。光纤应变测量系统由传感网络、解调设备构成，如图 2 - 4 所示。传感网络采用波分复用、空分复用技术，依照不同传感器通路和各通路上光纤光栅初始波长实现测点定位，同时通过不同封装、安装，使特定测点的光纤光栅传感器具有给定的敏感特性，对应变、温度等信号进行测量，将待测物理量变化量转换为光纤光栅中心波长变化量，再由解调设备解调中心波长数值。

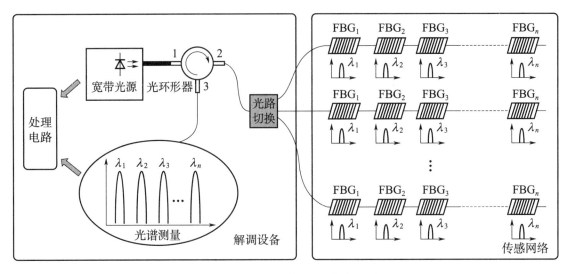

图 2-4 光纤应变测量技术方案

光栅中心波长受到应变和温度两个因素影响，为了获取结构体应变信息，需要对光纤光栅进行对应的封装，可以单独测量温度从而剥离温度的影响。针对应变、温度传感特性，设计了如图 2-5 所示的封装结构。应变传感器封装结构能够将结构体的一维应变沿轴向传递到光纤光栅上；温度传感器对结构体应变不敏感，仅受结构体温度影响，而应变传感器中心波长受结构体应变、温度共同影响。温度传感器需要在应变传感器附近布设，用于对前者的测量结果进行温度补偿。

将带有多个光栅的光纤传感器粘贴在火箭表面，待粘接剂固化后，可以进行试验。光纤末端连接光纤解调仪，光纤解调仪发出光信号，在光栅位置处，与光栅中心波长相同的部分光信号会进行全反射，光纤解调仪通过分析反射光的数据得到反射光的波长。飞行过程中产生弹性振动时，运载火箭表面产生应变，该处光栅的中心波长发生变化，用光纤解调仪对光栅波长变化数据进行采集。根据波长数据和光栅固有特性，计算出应变变化。

光纤传感器在传输信号的同时，利用紫外光纤在纤芯蚀刻出布拉格光栅，在光栅区域能够敏感外部环境的物理信号，如温度、应变等。对于反射型光栅，当光通过光栅时，反射光的波长等于布拉格中心波长，而其他波长的光透射过光栅时不发生反射。图 2-6 给出了光通过布拉格光栅时的传输示意图，

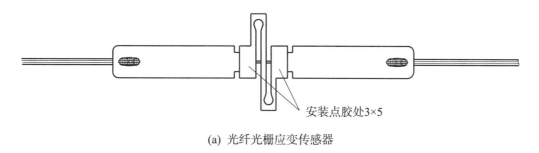

安装点胶处3×5

(a) 光纤光栅应变传感器

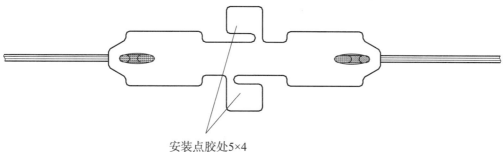

安装点胶处5×4

(b) 光纤光栅温度传感器

图 2 - 5　传感器封装结构示意图

其中 Λ 表示布拉格光栅的周期，n_0 表示纤芯的折射率，反射波长 $\lambda_B = 2n_0\Lambda$ ，对其取全微分有：$\delta\lambda_B = \delta(2n_0\Lambda) = 2\Lambda(\delta n_0) + 2n_0(\delta\Lambda)$ 。

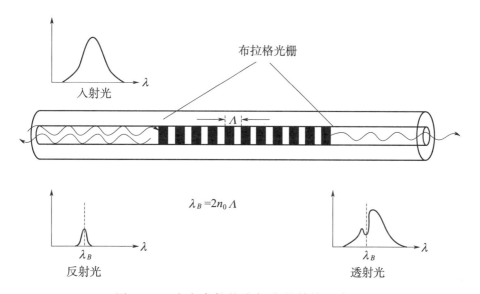

图 2 - 6　光在布拉格光栅中的传输示意图

显然，当纤芯折射率 n_0 或布拉格光栅周期 Λ 因外部输入发生改变时，中心反射波长 λ_B 也会相应发生改变。通常温度变化会使得折射率 n_0 发生变化，而应变则会改变光栅周期 Λ，因此中心反射波长的变化可以与环境温度和应变建立如下敏感关系

$$\frac{\Delta\lambda_B}{\lambda_B} = (1-p_e)\varepsilon + (\alpha_\Lambda + \alpha_n)\Delta T \tag{2-14}$$

式中　　$\Delta\lambda_B$——布拉格波长变化；

　　　　p_e——纤芯材料的光弹效应系数；

　　　　ε——沿光纤纵轴方向的应变；

　　　　α_Λ——光纤热膨胀系数；

　　　　α_n——光纤折射率随温度变化的系数；

　　　　ΔT——温度变化量。

若光纤传感器处于恒定温度环境下，则只对应变敏感，此时

$$\frac{\Delta\lambda_B}{\lambda_B} = (1-p_e)\varepsilon \tag{2-15}$$

实际工程应用中，在测量应变时，环境温度难以保持恒定不变，为此，需对温度变化引起的布拉格波长变化进行补偿。应变满足

$$\varepsilon = \frac{1}{1-p_e}\frac{\Delta\lambda_B}{\lambda_B} - \frac{1}{1-p_e}(\alpha_\Lambda + \alpha_n)\Delta T = \frac{1}{F_G}\frac{\Delta\lambda_B}{\lambda_B} - \frac{C}{F_G}\Delta T \tag{2-16}$$

其中，F_G、C 可以通过实验确定。由式（2-16）可以方便地根据温度变化测量值来进行补偿，从而获得应变测量值。

②基于光纤实时监测的模态频率辨识

单采样点的弹性频率在线辨识算法流程为：通过光纤测得的反射光波长数据，基于 Burg 法建立 AR 模型；通过求 AR 模型分母多项式伴随矩阵特征值的方式，求模型的极点，极点对应的就是功率谱密度函数的谱峰；最后，将 Z 域的特征值转化为 S 域，根据二阶系统特性，可以得到各阶弹性频率。流程图如图 2-7 所示。

基于单采样点信息的弹性在线辨识，采用特征系统实现法结合自然激励技术（Natural Excitation Technique，NExT），对可自由响应数据进行自然激励

图 2 - 7　弹性频率在线辨识算法流程图

下的模态识别。该方法利用光纤测得的波长数据，构造 Hankel 矩阵并进行定阶，通过确定阶数的截断奇异值分解寻找系统的一个最小实现，并将该实现变换为特征值规范型，如图 2 - 8 所示。

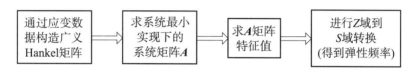

图 2 - 8　特征系统实现法的弹性频率在线辨识流程图

在搭载试验中，将光纤光栅传感器贴在飞行器表面，传感器末端连接光纤波长信号解调设备，解调设备安装在设备舱，进行飞行器表面多监测点的波长（应变）实时监测，实测数据如图 2 - 9 所示。并通过 Burg 法、特征系统实现法等方法进行弹性频率和阻尼比辨识（图 2 - 10），实现一阶频率辨识误差不高于 10% 的指标。

2.2.1.2　典型动力系统故障模式识别技术

动力系统是决定运载火箭飞行任务成败的关键因素之一。运载火箭动力系统具有结构复杂、工作条件恶劣、能量释放密度高、系统耦合性强、故障破坏性大等特点，使其成为运载火箭系统中故障敏感多发部位。据统计，在运载火箭发射任务失败的案例中，动力系统故障达到所有发射故障的 40% 以上。统计 1957 年至 2022 年 6 月国内外液体运载火箭飞行故障共 279 例。其中由推进系统（液体火箭发动机）所导致的飞行故障共 117 例，占总数的 42%，如图 2 - 11 和表 2 - 1 所示。

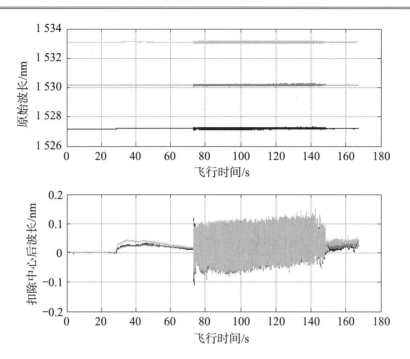

图 2 - 9　振动中光栅反射波长实测数据（见彩插）

表 2 - 1　国内外液体火箭飞行过程故障统计

故障模式	总次数	1980 年前	1980—2000 年	2001—2022 年
推进系统故障	117	69	25	23
控制系统故障	85	47	24	14
分离系统故障	28	14	9	5
结构材料失效、解体	20	13	6	1
贮箱增压故障	13	6	4	3
发射场设备故障、操作失误	13	6	4	3
环境因素导致故障	3	2	1	0
总数	279	157	73	49

注：数据截至 2022 年 6 月。

　　根据国内外液体运载火箭飞行故障统计结果可见：推进系统（液体运载火箭发动机）故障为液体运载火箭飞行故障中最常发生的故障，在液体运载火箭技术发展的各个阶段，推进系统故障所导致的飞行故障次数均排首位。液体运载火箭发动机因系统较复杂，受其他分系统影响较大，工作环境恶劣，成为故障的敏感多发部位。液体火箭发动机的可靠性对运载火箭的可靠性至关重要，因此迫切需要火箭动力系统故障的智能识别技术。

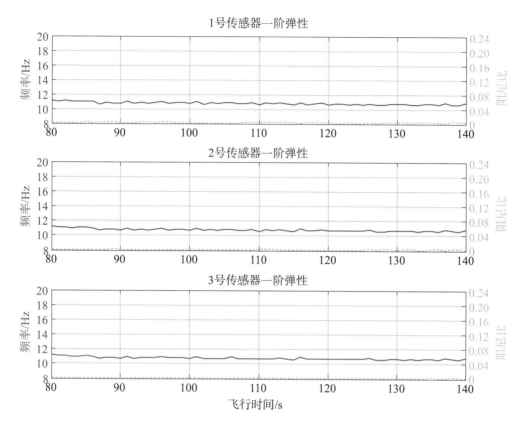

图 2-10 一阶弹性频率和阻尼比辨识（见彩插）

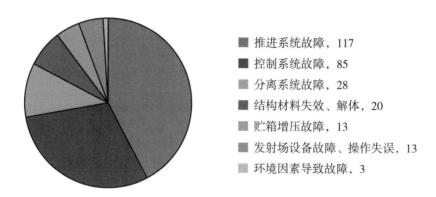

- 推进系统故障，117
- 控制系统故障，85
- 分离系统故障，28
- 结构材料失效、解体，20
- 贮箱增压故障，13
- 发射场设备故障、操作失误，13
- 环境因素导致故障，3

图 2-11 国内外液体火箭飞行故障模式及发生次数统计（1957 年—2022 年 6 月）（见彩插）

（1）典型动力系统故障模式

在历史飞行故障中，液体火箭发动机故障表现形式主要包括推力下降、提前关机等，故障原因主要包括推进剂泄漏、推进系统部件故障、存在多余物、组件工作过程不稳定等。

对液体火箭发动机故障模式及故障机理的分析，是建立液体火箭发动机故障识别方法、开展故障监测和故障处置的重要基础。航天技术发展至今，积累了大量液体火箭发动机飞行及地面试验故障数据。通过对历史故障案例、故障机理、故障特征参数的分析，可获得液体火箭发动机典型故障模式及传播机理，并在此基础上获得合理可行的故障识别与故障处置方式。

对国内外液体火箭发动机飞行、地面试车故障案例进行梳理，通过故障案例统计，获得液体火箭发动机典型故障模式及其分布情况；通过故障特征参数、变化规律及可预测性分析，获得典型故障模式参数变化规律及故障预测能力，为液体火箭发动机故障监测及识别技术提供依据。

液体火箭发动机是液体运载火箭上易于发生故障的部位。导致液体火箭发动机发生故障的原因包括管路、阀门、燃烧室等部组件异常。在国内外液体运载火箭飞行故障梳理的基础上，对推进系统（发动机）故障进行划分，分为以下几大类：

1）推进剂供应系统故障：包括推进剂供应管路、冷却管路、泵、阀门等发生故障。

2）燃气系统故障：包括推力室、燃气发生器、涡轮和燃气管路部位发生的故障。

3）启动点火故障：包括点火器故障、启动失败等。

由液体火箭发动机所导致的故障案例涉及不同发展阶段、不同类型的液体火箭发动机，还有部分飞行故障案例因缺少具体资料而未能统计在内。三大类故障的发生次数分布情况如表 2 - 2 和图 2 - 12 所示。

表 2 - 2　国内外液体火箭发动机历史飞行故障模式统计

故障模式	总次数	1980 年前	1980—2000 年	2001 年—至今
推进剂供应系统故障	38	13	14	11
启动点火故障	29	18	6	5
燃气系统故障	12	6	4	2
总数	79	37	24	18

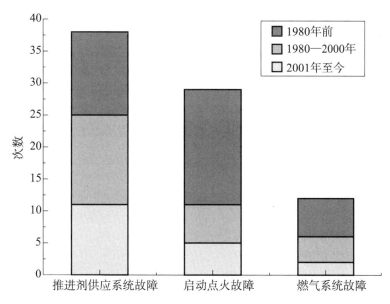

图 2-12　国内外液体火箭发动机历史飞行故障模式及发生次数分布（见彩插）

由统计结果可见，在液体火箭发动机故障中，推进剂供应系统故障所占比例最高；其次为启动点火故障；最后为燃气系统故障。

对国外液体火箭发动机历史飞行故障情况进行了统计，统计范围包括国外主流液体运载火箭型号，共统计 27 例，见表 2-3。

表 2-3　液体火箭发动机飞行过程故障模式分析

所属火箭	故障模式
东方号-L	纵向耦合振动导致燃烧室损坏
上升号	多余物导致起飞过程中发动机关机
闪电号	燃料泵汽蚀，上面级和载荷在冲击中受损
联盟号	点火失败
联盟号-U	起飞后 6 s 涡轮泵爆炸
联盟号-U	起飞后 8 s 泵吸入异物
东方号-K	燃气发生器故障
联盟号-U	生产环节错误导致燃气发生器燃料路堵塞
宇宙神-半人马座	起飞后 2 s 燃料隔离阀意外关闭，助推级关机，火箭落至发射台爆炸
宇宙神-半人马座	燃气发生器出口燃气导管泄漏导致发动机起火
宇宙神-E/F	起飞后 7 s 燃气发生器 O 形金属密封圈移位，最终导致助推级失去推力
宇宙神-1	氧流量控制器的调节螺栓松动，发动机推力仅达到额定的 $60\%\sim70\%$

续表

所属火箭	故障模式
猎鹰-1	燃料泵入口压力测点铝质螺母在盐雾条件下腐蚀,煤油泄漏起火,导致阀门控制气路爆裂
猎鹰-1	后效冲量估计不足,分离后一级火箭碰撞二级火箭
N-1	振动导致供应管路破裂,泄漏起火,烧毁传感器电缆,导致控制系统误动作、关闭全部发动机
N-1	8号发动机氧泵吸入异物起火,烧毁管路、电缆,严重影响附近发动机,控制系统关闭除18号之外全部发动机
N-1	级间分离前,同时关闭内圈6台发动机产生的水击压力过大,导致小直径管路断裂,引起发动机起火、爆炸
安塔瑞斯130	氧泵故障导致火箭起飞后6 s爆炸
天顶号-2	流量调节器泄漏,推进剂提前耗尽
天顶号-3SL	起飞后3.9 s金属多余物导致泵堵塞,火箭落至发射台爆炸
天顶号-2	氧入口隔离阀堵塞,导致爆炸
闪电号	点火失败
闪电号	点火失败
闪电号-M	阀门卡滞导致点火失败
质子号-K/D	氧阀泄漏
质子号-K/DM-2	点火失败
质子号-K/DM-2	点火失败

对上述液体火箭发动机故障案例按故障模式进行分类,可分为以下几类故障:

1)发动机供应系统(管路、阀门等)堵塞故障;

2)发动机供应系统(管路、阀门等)泄漏故障;

3)发动机燃气系统(燃气发生器、燃气导管等)故障;

4)涡轮泵故障;

5)启动点火故障;

6)结构破坏引发的故障;

7)其他未分类的故障。

国外液体火箭发动机飞行故障案例中,以上故障的分布情况如图2-13所示。

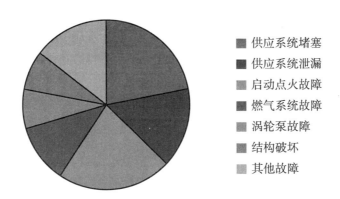

图 2-13　国外液体火箭发动机历史飞行故障模式分布（见彩插）

由统计结果可见：供应系统故障是液体火箭发动机较为常见的故障原因，其中多起故障为多余物、堵塞问题导致。启动点火故障在上面级液体火箭发动机中发生次数较多。此外，国外液体火箭发动机故障多发于 1960—1970 年，随着液体火箭发动机技术的发展，近年来故障发生的次数有所减少。典型故障案例如下。

猎鹰-1 火箭于 2006 年 3 月 24 日在夸贾林环礁 Omelek 岛首飞（图 2-14），发射失败。火箭起飞 25 s 后，一级发动机（Merlin 1A）上方的氦气瓶附近位置发生着火，导致一台发动机于 $T+34$ s 关机。关机后火箭发生滚转，最终下落至发射台附近的珊瑚礁中。故障原因是发动机燃料泵入口压力测点（PFPI）传感器引压管处使用的铝质螺母由于发射前长时间暴露于海边盐雾环境中，发生了晶间腐蚀、表层剥落和应力裂纹，铝质螺母与不锈钢管路接触处发生了电化腐蚀；此外，还存在循环作用力下的结构疲劳。在起飞前，此处已发生了煤油泄漏。发动机点火后，泄漏的煤油被点燃，火势蔓延至发动机控制气路附近，并最终导致控制气路爆裂。采用控制腔通气维持打开的发动机液氧隔离阀、燃料隔离阀因失去控制压力而关闭、发动机异常关机。

对一些试车中出现的故障（含试车后检查发现的磨损、裂纹、轻微烧蚀等问题）开展机理分析，梳理典型故障模式。对液体火箭发动机历次试车故障发生次数，进行了统计分析。

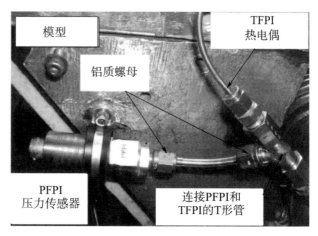

图 2-14　猎鹰-1 首飞 Merlin 发动机故障起火照片以及泄漏发生部位

根据统计结果，液体火箭发动机历史试车中发生次数较多的典型故障包括：

1）小直径推进剂导管损坏故障；

2）管路接头泄漏故障；

3）控制吹除导管损坏；

4）氧泵密封泄漏、密封结构损坏；

5）燃料泵密封泄漏、密封结构损坏；

6）氧泵轴系破坏、碰磨故障；

7）推力室喷管内壁、喷嘴、二三冷却带烧蚀或鼓包。

（2）运载火箭主发动机故障识别技术

运载火箭液体发动机故障会导致火箭推力异常，造成运载能力及控制能力受损，最终导致姿态、入轨参数超差甚至灾难性事故，产生巨大的经济损失和负面影响。因此，研究和发展液体火箭发动机故障辨识技术，以及针对辨识出的故障和故障程度开展自适应重构技术研究，可以增强对不确定性和突发非致命故障的适应能力，有效提高故障下飞行任务成功率，减少经济损失，其意义重大。

为了实现发动机推力故障下的控制重构，控制系统需要获得故障发生在哪一台发动机及推力下降程度等信息，以开展控制指令重分配。为了确定哪一台发动机发生了故障以及故障程度，通常有两种方式进行故障识别，一种是基于发动机自身信息进行故障识别，另一种是基于控制系统信息进行故障识别。

①基于发动机自身信息的故障识别

基于发动机自身信息的液体发动机故障识别，主要测量参数为涡轮泵转速、燃料一级泵出口压力、发生器燃料喷前压力以及推力室点火路压力等，在进行故障辨识时，通常采用简单可靠的红线关机方案。辨识算法逻辑包括测量数据确认逻辑、异常判断逻辑两部分。

（a）测量数据确认逻辑

得到相关传感器参数后，首先检查传感器正常与否，数据是否可信。如果判定某一压力传感器异常，应剔除该测量参数，用余下的参数判断，余下参数中至少有三个参数同时异常判定发动机异常。判定压力传感器异常的标准是：任意时刻压力测量值为负值或超出满量程。

（b）异常判断逻辑

遵循连续性准则和三个或三个以上的原则：即任一参数连续三次超出安全带，则认为该参数异常，参数报警；任一时刻，至少三个参数报警则认为发动机工作异常，系统报警并紧急关机。当剩余有效传感器数量小于三个时，该准则取消。

②基于控制系统信息的故障识别

在基于控制系统信息的发动机故障识别中，通常根据惯组敏感得到的角速度和视加速度信息，基于每一台发动机推力变化会引起箭体绕心运动状态的变化，建立发动机推力与绕心运动、质心运动的模型，然后利用最小二乘法与扩张状态观测器相融合方法，开展基于角速度和视加速度信息融合的发动机推力辨识，在线辨识故障发动机及相应分机推力下降程度，液体火箭发动机推力辨识原理框图如图 2 - 15 所示。

针对配置 2 台 "＼" 布局氢氧发动机的火箭，每台主发动机上安装 2 台伺服机构，发动机按照 "X" 形摆动。以 2 台发动机中的一台出现推力下降故障为场景开展辨识方法研究，并进行初步仿真验证。

发动机-伺服布局与摆动示意图如图 2 - 16 所示。

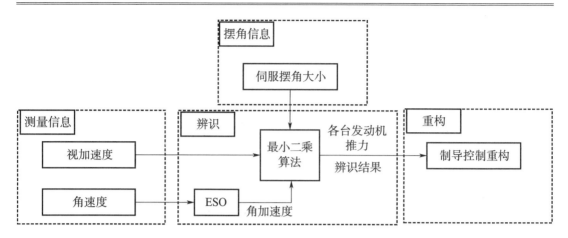

图 2-15　液体火箭发动机推力辨识原理框图

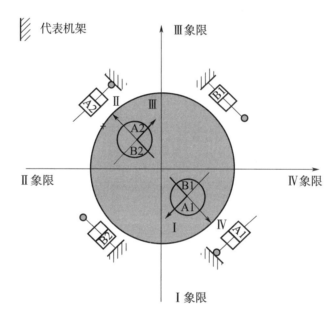

图 2-16　发动机-伺服布局与摆动示意图

（a）基于扩张状态观测器（ESO）的角加速度估计

三通道角加速度信息通过设计观测器进行观测，观测器递推公式如下

$$z_1^i(k) = z_1^i(k-1) + z_2^i(k-1) \cdot h + \beta_1(\widetilde{\omega}_{i1} - z_1^i(k-1))h$$

$$z_2^i(k) = z_2^i(k-1) + \beta_2(\widetilde{\omega}_{x1} - z_1^i(k-1))h$$

$$(2-17)$$

其中　$\widetilde{\omega}_{i1}(i = x, y, z)$——惯组测量的箭体坐标系下的角速度；

　　　k——离散时刻；

h ——控制周期；

$z_1^i(k)$ ——估计的 k 时刻角速度；

$z_2^i(k)$ ——估计的 k 时刻角加速度。

（b）遗忘因子最小二乘估计

基于三通道视加速度信息，利用遗忘因子最小二乘算法，通过各通道融合信息开展发动机推力在线辨识。最小二乘算法递推计算公式如下

$$\hat{\boldsymbol{\theta}}(k+1) = \hat{\boldsymbol{\theta}}(k) + \boldsymbol{K}(k+1)(\boldsymbol{Y}(k+1) - \boldsymbol{\Phi}^{\mathrm{T}}(k+1)\hat{\boldsymbol{\theta}}(k))$$

$$\boldsymbol{K}(k+1) = \frac{\boldsymbol{P}(k)\boldsymbol{\Phi}(k+1)}{\lambda + \boldsymbol{\Phi}^{\mathrm{T}}(k+1)\boldsymbol{P}(k)\boldsymbol{\Phi}(k+1)} \tag{2-18}$$

$$\boldsymbol{P}(k+1) = \frac{1}{\lambda}\left[\boldsymbol{I} - \boldsymbol{K}(k+1)\boldsymbol{\Phi}^{\mathrm{T}}(k+1)\right]\boldsymbol{P}(k)$$

其中

$$\hat{\boldsymbol{\theta}}(k) = \begin{bmatrix} \hat{P}_1(k) \\ \hat{P}_2(k) \\ \vdots \\ \hat{P}_n(k) \end{bmatrix} \quad \boldsymbol{Y}(k) = \begin{bmatrix} a_x \\ a_y - l_{ax}z_2^z(k) + l_{az}z_2^x(k) \\ a_z + l_{ax}z_2^y(k) - l_{ay}z_2^x(k) \end{bmatrix}$$

$$\boldsymbol{\Phi}(k) = \begin{bmatrix} g_{x1}(k) & g_{y1}(k) & g_{z1}(k) \\ g_{x2}(k) & g_{y2}(k) & g_{z2}(k) \\ \vdots & \vdots & \vdots \\ g_{xn}(k) & g_{yn}(k) & g_{zn}(k) \end{bmatrix}$$

式中　$\hat{\boldsymbol{\theta}}(k)$ ——待辨识的 n 台发动机推力；

$\boldsymbol{Y}(k)$ ——测量的视加速度；

$\boldsymbol{\Phi}(k)$ —— $n \times 3$ 的增益矩阵；

$\boldsymbol{K}$ ——增益矩阵；

k ——离散时刻；

$\boldsymbol{P}(k)$ —— $n \times n$ 的信息矩阵（协方差阵）；

λ ——遗忘因子。

　　该辨识技术的优势是可以仅利用控制系统信息完成液体发动机故障辨识与定位，在发动机数量较少时辨识精度较高。以单台发动机推力异常下降时辨识为例，辨识结果如图 2 - 17 所示。

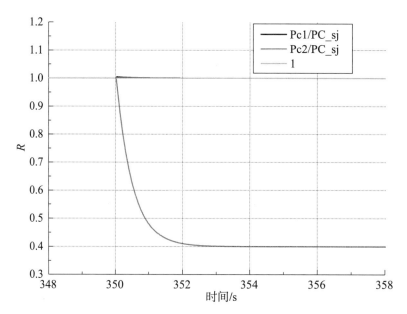

图 2 - 17　在 350 s 推力下降至额定推力 40% 辨识结果（见彩插）

　　从图 2 - 17 中可以看出，基于角速度和视加速度信息的发动机故障辨识技术，可以实现 2 s 内故障精准辨识，同时可对遗忘因子参数优化实现辨识效率的进一步提升，但该辨识方法使用条件需要持续激励条件，因此算法收敛速度较慢，特别是多机并联条件下多台发动机推力同时辨识的情况。为了精准辨识发动机推力故障，需要进一步借鉴使用动力系统诊断信息，可以针对特定的 2 台发动机（有部分参数超差）进行辨识，以提高辨识速度。

　　对于控制系统，需定位出哪一台发动机发生故障及推力下降程度，由以上分析可知，仅依靠控制系统信息开展故障发动机定位，存在识别速度慢、结果不准确等缺点，需要融合发动机自身信息开展故障辨识，融合方式如下：

　　1）依据致命故障辨识及基于过载的发动机识别，定位出正常发动机以及存在参数超差的发动机编号；

　　2）将 1）中初步定位结果作为先验信息，以参数超差的发动机为对象，利用基于角速度和视加速度信息的发动机故障辨识技术，对故障发动机进行推力识别和故障确认；

3）依据 2）中辨识结果对故障发动机工作状态进行协同综合决策，若识别结果与 1）中判定一致，则认为该编号发动机故障，若识别结果显示发动机正常，则认为动力故障识别错误，发动机正常。

2.2.2　运载火箭环境信息的感知与识别技术

2.2.2.1　高空风场信息感知技术

大气运动是火箭飞行轨迹和飞行姿态的主要干扰源。作为大气环境的主要表现形式，大气层风场对火箭使用性能的影响不容忽视。从已有的风场历史数据和实时观测数据出发，对发射窗口高空风进行预测，是火箭轨迹设计的基本前提，高空风预测数据的准确性，直接影响了火箭的结构设计、姿态稳定和入轨精度。当前针对运载火箭发射前的高空风的预报，如美国的肯尼迪航天中心，建立起了一套较为完整的探测、预报高空风的保障系统。我国卫星发射中心，早在 20 世纪 90 年代开始就把高空最大风速作为能否安全发射的决定因素之一。

面向未来火箭轻质高效、减载控制以及在线轨迹规划等能力提升需求，需要对高空风场进行精确感知与识别，供飞行控制系统根据风场预测模型计算火箭飞行控制诸元，以提升运载火箭对多样气象条件的适应能力。下面以海南文昌航天发射场为例，分析基于 L 波段高空气象探测和基于北斗系统探测的高空风感知手段，给出了高空风数据处理算法，并针对高空探测误差来源进行了分析与归纳。

（1）基于 L 波段高空气象探测

L 波段高空气象探测系统（简称 L 波段探空）以探空气球作为示踪物，地面 L 波段雷达追踪气球轨迹，测量其距离、方位及仰角，利用这些位置信息计算出不同高度的风向和风速。探空气球带无线电回答器（简称回答器）升空，测量时 L 波段雷达探测系统在地面向它发出"询问信号"，回答器就对应地发回"回答信号"。根据每一对询问与回答信号之间的时间间隔和回答信号的来向，就可以测定每一瞬间探空气球在空间的位置，即它离 L 波段雷达站的直线距离、方位、仰角，然后根据气球随风漂移的情况，推算出高空的风向、风速。

（2）基于北斗系统的高空风探测

北斗高空风探测系统属于导航测风，同样以探空气球作为示踪物，但探空气球携带有导航定位装置，实时将自己的位置信息发给地面站，地面站接收到位置信息后，便可计算出不同高度的风向和风速。

（3）高空风数据处理算法

L波段高空探测系统和北斗探空系统采用的高空风数据处理算法模型依据 GJB 6069—2007《高空气象探测数据处理模型》，通过测量气球随风漂移轨迹在水平面投影的改变量来计算风向风速，得到某段气层的平均风。某段气层即为计算层，是用于计算气层平均风的两个特定高度之间的气层。计算层的间隔可以用厚度表示，也可以用时间表示。在 GJB 6069—2007《高空气象探测数据处理模型》中计算层的厚度用时间表示，其时间间隔为：

1）气球施放后 20 min 内，气球每上升 1 min 的厚度作为一个计算层（约 360 m）；

2）气球施放后 20～40 min，气球每上升 2 min 的厚度作为一个计算层（约 720 m）；

3）气球施放后 40 min 以上，气球每上升 4 min 的厚度作为一个计算层（约 1 440 m）。

层风的计算公式为

$$v_i = \frac{\sqrt{\Delta x^2 + \Delta y^2}}{60(t_{i+1} - t_i)} \tag{2-19}$$

（4）高空探测误差来源

从测量方式上看，L波段雷达测风和北斗导航测风均采用的是气球轨迹法测风，因此都存在现有气球轨迹法测风的几个误差来源。

①探空仪的钟摆效应

用气球探测时，为了确保气球不会影响到气温、湿度的测量精度，探空仪一般通过 30 m 长的挂绳与气球相连。严格来讲，卫星导航定位数据实际是探空仪的轨迹。在气球上升过程中，由于气球的运动会使探空仪产生类似钟摆的往复运动，即钟摆效应，摆幅大小与风的垂直变化大小有关，摆幅最大可达 10 m 左右。另一方面，绳长 30 m 的气球，其探空仪的摆动周期通常达到 11 s 左右，按平均升速 6 m/s 计算，即便以一个摆动周期的数据进行平滑处理，其高度分层厚度也在 60 m 以上，所以常规探空气球高空风探测的高度分层理论上必然大于 60 m。

②气球的滞后效应

气球在大气中随风运动，当大气风场状态（风向、风速）发生变化时，气球会适应这种变化，逐渐达到与大气风场相同的运动状态，此时气球的运动就代表大气的运动，即风的运动。但是因为气球有一定的质量，由于惯性作用，气球适应风场的变化会有一定的滞后性，即风的状态变化总是先于气球的变化，这就是探空气球运动的滞后效应。这种滞后效应会对测风精度造成一定的影响，但是这种滞后效应无法准确测量。

③气球的侧滑效应（振荡运动）

探空气球是胶面材质光面可膨胀的气球，随着高度增加，大气密度降低，气球体积会增大，同时气球上升过程中也会受到大气阻力作用。肯尼迪航天中心自 20 世纪 60 年代以来开展的大量气球测风探测试验表明：气象探测中经常使用的橡胶气球在上升过程中由于大气阻力和大气密度变化的影响，气球外形会出现变形—恢复—变形的变化，这种变形会给气球带来明显的水平和垂直振荡运动。这种振荡运动在高精度测风（精度优于 1 m/s）中是不能忽略的，但是这种振荡是由于胶面气球自身的特性所决定的，同样无法准确测量。

另外，探空仪探测的数据是以无线方式进行发送和接收的，出现外部同频干扰、发射信号强度偏弱、接收机灵敏度偏差等现象时，会出现误码或数据直接丢失，丢失一两个数据也许对测风精度影响不大，但大面积数据丢失将严重影响测风精度或无法计算。

从测量原理来看，L 波段探测通过雷达对气球进行定位，测量其距离、方位及仰角，反算得到风向风速，北斗是通过导航定位来对气球进行定位，定位的精度显然高于 L 波段雷达定位精度。国家气象局针对北斗导航测风做了大量研制和试验，试验证明利用北斗导航系统测风是可行的。

2.2.2.2　空间碎片感知技术

空间碎片按尺寸大小分为三类：尺寸大于 10 cm 的大碎片，包括废弃的卫星和运载火箭末级，执行任务中的抛弃物品，因碰撞、爆炸和解体产生的大碎片，脱落的活动部件等；尺寸在 1～10 cm 之间的危险碎片，包括爆炸螺栓、高强度爆炸、碰撞产生的小碎片、温控涂层表面退化脱落的大片漆片、核反应堆泄漏的冷却剂、天线等；尺寸在 1 cm 以下的小碎片，包括爆炸螺栓产生的碎屑、高强度爆炸碰撞产生的碎屑、温控涂层表面退化脱落的微小漆片、碎片碰撞产生的二次碎片云、核反应堆冷却剂泄漏的产物等。

（1）空间碎片对航天器的危害

空间碎片的直接危害来自高速碰撞。例如，尺寸为 1 cm 和 10 cm 的碎片，密度和速度分别为 $103 \ \mathrm{kg/m^3}$ 和 7.5 km/s，其动能约为 56 kJ 和 56 MJ。对于金属材质的碎片或者相向撞击的场景，碰撞产生的动能还将更大。在低地球轨道，厘米级空间碎片与航天器的撞击速度范围在 0～15 km/s，平均撞击速度为 10 km/s，与地面上 1.3 t、速度为 100 km/h 的小汽车的撞击能量相当。图 2-18 是航天飞机舷窗、哈勃空间望远镜天线遭受空间碎片撞击的图片。

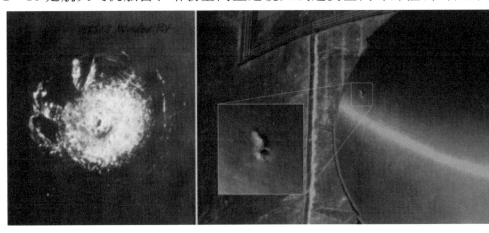

（a）航天飞机舷窗上的撞击坑　　　　（b）哈勃空间望远镜天线被击穿

图 2-18　航天飞机舷窗、哈勃空间望远镜天线遭受空间碎片撞击

一般来说，尺寸大于 10 cm 的空间碎片碰撞航天器可造成毁灭性破坏，但这类大尺寸的空间碎片可通过地面雷达或者望远镜等手段监测、定轨并预警，可采取轨道规避避免碰撞事件发生。厘米级空间碎片碰撞航天器也可能导致航天器彻底损坏，且受目前监测能力的限制，无法对其精确跟踪和定轨，是潜在威胁最大的危险空间碎片。毫米级和微米级的空间碎片数量庞大，其中毫米级空间碎片可能造成航天器表面穿孔或成坑、天线变形、压力容器或密封舱泄漏等，微米级空间碎片累积撞击效应可导致航天器表面砂蚀、光敏或热敏等器件功能下降甚至失效。对于此类无法追踪的空间碎片，可以采取建立碎片环境模型、进行撞击风险评估以及采取防护结构的方法降低空间碎片威胁。

通过以上分析可知，针对空间碎片：

1) 在规避目标方面，厘米级以上空间碎片碰撞，可能会导致航天器彻底损坏，是运载火箭规避的主要目标。

2) 在发射任务方面，800 km 附近区域是空间碎片密集运行轨道，在经过这两个区域发射任务时，运载火箭可通过空间碎片规避保证发射任务顺利进行。

（2）空间碎片探测

①地基探测

地基探测是利用安置在地球表面的设备测量空间碎片的位置，包括光电探测和无线电探测。通常通过无线电手段开展在轨目标的定轨监视工作，而天文台通过光电手段。雷达探测是空间碎片普测的主要方式，主要进行低轨道探测，光电望远镜主要进行中高轨道空间碎片的探测，激光探测具有观测精度高的优点，可利用激光测距数据进行空间碎片精密定轨。

通过对调研材料的汇总，几种地基探测方式探测能力对比见表 2-4。

表 2-4　几种地基探测方式探测能力对比

探测方式	探测能力	用途
雷达探测	1 000 km,5 cm	低轨道探测
光学探测	500 km, 10 cm; 1 000 km,15 cm; 2 000 km,20 cm; 3 000 km,25 cm; 20 000 km,60 cm; 36 000 km,72 cm	中高轨道探测
激光探测	最小探测尺寸 2 000 km,20 cm; 最远测量距离 6 261 km,4.3 m	光学、雷达数据的补充,提高定轨精度

　　空间碎片在轨道上始终受着空间环境各种摄动力的作用。摄动力包括地球非球形和质量不均匀产生的附加引力、高层大气的气动力、太阳与月球引力、太阳光照射压力等。在摄动力作用下,卫星轨道周期、偏心率、升交点赤径和轨道倾角不断地变化着。对于 500 km 以上目标,受摄动力影响较小,24 h 内目标轨道变化不大,根据上海天文台光学联测精密定轨情况,探测目标的参数信息见表 2-5。

表 2-5　探测目标参数信息

名称	NORAD 号	国际编号	近地点/km	远地点/km	面值比
SL-14R/B	17567	1987-024B	606	631	0.003 5
SL-3R/B	14208	1983-075B	509	566	0.005 5
DELTA 2R/B	25637	1999-008D	635	840	0.011 0
ARIANE 40R/B	25979	1999-064C	581	589	0.015 0
DNEPR 1 R/B	26550	2000-057F	559	1 364.	0.006 0
PEGASUS R/B	39198	2013-033B	615	649	0.010 0

　　实际使用的星历数据是轨道数据的外推结果,目标在扰动影响下,位置精度随时间下降,因此定轨精度与重复测量周期有关。该次联测利用 2015 年 12 月 16 日至 2016 年 1 月 16 日中国科学院空间目标观测研究中心采集的光学资料和共享得到的雷达资料,多种探测资源组合所得到的定轨精度见表 2-6。

表 2 - 6　多种探测方式组合定轨精度对比

组合类型	测角数据/圈数	测距数据/圈数	预报 1 天/m	预报 3 天/m	预报 7 天/m
原始美国 TLE 数据	—	—	300	1 000	2 000
多站激光	—	2 站 3 圈	165	188	766
多站光学	4 站 20 圈	—	110	161	797
多站光学＋激光	4 站 20 圈	2 站 3 圈	72	99	689
多站光学＋雷达	4 站 20 圈	1 站 3 圈	92	113	723

从整体上看，美国的 TLE 数据对外发布版是每周五进行更新，精度较差，仅可以作前期分析使用，不能作为装备研制保障数据来源。

若使用共享的雷达数据，利用天文台光学探测资源提前一个月对既定目标进行观测，预报的 7 天轨道外推数据轨道精度可到百米级。

运载火箭发射前的空间碎片碰撞预警，是提前预测这段轨道上是否可能与空间碎片发生碰撞，并且设法躲避碰撞。

②平台探测

目标的光学反射、辐射特性主要与观测视线和太阳光线的夹角、尺寸和形状等目标几何特性，目标表面反射率和发射率等材料表面光学特性及探测背景等有关；对于编目空间碎片，在相关信息中还包含其 RCS 数据。

（a）空间碎片可见光特性

如星敏感器等可见光波段探测，亮恒星必须与空间碎片区分。可通过亮恒星表对恒星的方位和可视星等进行检索，如以 1966 年的史密斯天文台观测数据为主要数据源的史密斯天文台星表中包含某亮恒星赤经、赤纬、星等等信息。以成像视场 $10° \times 10°$ 为例，恒星分布较少的天球两极区域和天赤道区域，某时刻 6 等星以下恒星分布为几颗至几十颗。

某空间碎片反射截面积 B，等效半球反射率为 γ，假设探测器波段为 $0.45 \sim 0.90\ \mu m$，在该波段太阳光的辐射照度 $E_{sun} = 540\ W/m^2$，观测相角为 θ，探测距离 R 处的空间碎片在可见光探测器上产生的辐照度为

$$E = \frac{E_{sun} \gamma B \cos\theta}{2\pi \times R^2}\ (W/m^2) \tag{2-20}$$

观测相角 θ 为太阳与空间碎片连线和空间碎片与探测器连线之间的夹角。

根据上述公式，θ 越大，探测器接收到的空间碎片反射光强度越小，因此，为满足探测器的探测强度，必须对探测器载体的发射窗口及探测器观测方向进行约束。

（b）空间碎片红外特性

地球附近空间光学探测的背景主要为深冷太空背景以及恒星等。在地球光照区，除目标内部热源作用外，影响空间碎片目标红外辐射特性的因素主要有太阳照射、地球大气的太阳反照、地球红外辐射等。对于无热源且尺寸较小的空间碎片，其表面温度往往很低，红外中波探测可见性差。

对于长波红外，深空背景辐射温度约 3.5 K，其影响对于探测器可以忽略不计；与中波红外相比，在太阳照射条件下，空间碎片表面向外辐射一定的长波能量，因此，对于空间碎片，红外探测优先使用长波。对于远距离探测，空间碎片可以等效为点源，在波段 $\lambda_1 \sim \lambda_2$ 的红外辐射强度为

$$I = \frac{1}{\pi}\varepsilon \cdot \sigma \cdot T^4 \cdot B \cdot \eta \qquad (2-21)$$

式中　T ——某空间碎片表面等效辐射温度，K；

　　　B ——红外辐射面积；

　　　ε ——等效半球红外发射率；

　　　σ ——斯特藩-玻耳兹曼常数，$\sigma = 5.67 \times 10^{-8}\text{W} \cdot \text{m}^{-2} \cdot \text{K}^{-4}$；

　　　η ——目标表面温度为 T 时在波段 $\lambda_1 \sim \lambda_2$ 所辐射的能量占总能量的比例。

（c）空间碎片的雷达特性

由于激光探测的发散角很小，无法单独使用激光探测来捕获碎片目标，往往需要与红外或可见光探测复合使用，由于需解决探测距离、激光波束快速精确指向等难题，其技术难度较大；与光学探测相比，雷达探测无明显干扰，且输出数据中还包含光学探测没有的距离和速度等信息，在这种情况下，雷达是较好的探测手段，另外，由于碎片规避决策系统需要实时获取并综合处理多个碎片目标信息来进行智能决策，因此采用相控阵雷达进行探测。

尺寸在 10 cm 左右的碎片，RCS 可大于 0.1 m^2。

探测器载体与目标的相对速度及被探测目标的运动速度较大时，目标运动速度估计与补偿方法需要进行更加精确的参数补偿，另外，考虑空间碎片雷达探测的使用背景，其雷达寻的的实时性、敏感性和稳定性较目前常用对地使用模式要求更高。

综上，几种探测方式对比见表 2 - 7。

表 2 - 7　对空间碎片的几种探测方式对比

探测方式	目标适应性	背景干扰	输出结果
可见光	目标反射太阳光	恒星、太阳、地球干扰	测角、亮度
红外	目标有热源或有太阳照射	太阳、地球干扰	测角、能量
相控阵雷达	RCS$>0.1\ \mathrm{m}^2$	无明显干扰	测角、测距、测速

（d）多源信息空间碎片检测技术

采用红外、可见光及雷达单探测器对空间碎片目标进行探测时，由于空间碎片尺寸很小，目标本身缺乏可用于自动识别的特征（比如形状、纹理和结构信息）且远距离探测时能量很弱，因此，空间碎片目标呈点状弱小目标状态，目标检测、识别难度很大，单一模式探测常常出现虚警或漏检。可利用固连在载体上的多探测器探测信息的相关性和探测时间的一致性，对空间碎片目标进行更全面的描述，从而解决空间弱小点目标的检测、识别问题。

这个过程中，首先进行多探测器探测信息的目标特征提取，特征提取是指提取探测信息中能够用来表征目标属性的数据。目前常用的特征提取方法主要包含基于滤波与形态学处理的图像特征提取技术和基于卷积神经网络的图像特征提取技术，但由于目标通常成像为一个孤立的低亮光斑，缺乏纹理、形状等信息，这两种方法效果均较差。因此，更有效的方法是采用基于探测状态和图像信息分析的目标高维语义特征提取方法，根据观测相角、太阳辐照、地球背景与探测视场的关系，图像光谱和偏振特性及探测器飞行载体工作状态等信息，利用目标灰度分布规律，完成备选目标的筛选，提取时间、位置、能量、光谱角、尺寸、探测器载体相对关系等高维语义特征，最后进行航迹估计并检测、识别目标。多源信息空间碎片检测流程如图 2 - 19 所示。

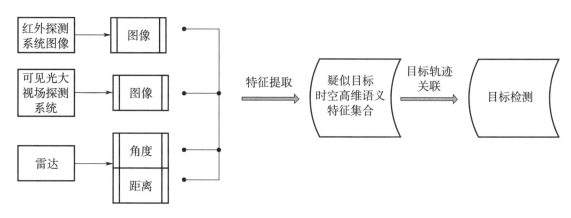

图 2-19　多源信息空间碎片检测流程

以红外为例,空间碎片灰度分布服从二维高斯函数,通常表示为

$$s(m,n) = L_{\exp} \cdot \exp\left[-\frac{1}{2}\left(\frac{(m-m_0)^2}{a^2} + \frac{(n-n_0)^2}{b^2}\right)\right] \quad (2-22)$$

式中　$s(m, n)$——目标图像的灰度分布;

　　　$L_{\max}$——目标的灰度峰值;

　　　m_0, n_0——等轮廓椭圆的中心位置在图像中的坐标;

　　　a, b——椭圆的长短轴长度。

语义特征常常被应用于图像检索、文本分类等领域,首先对图像和文本的语义特征进行向量化描述,然后通过特征分类、判断或深度神经网络完成样本分类。

综合以上分析可知,运载火箭在实际开展空间碎片识别时,需要结合编目内碎片信息和空间实时探测同时进行。对于编目内的空间碎片,可以从国内的卫星测控和地面观测单位获得更高精度的轨道数据初值,数据更新周期需与任务精度需求联合确定。对于空间探测,受箭载雷达探测能力限制,要求碎片目标 RCS > 1 m²,同时考虑探测器视场角和安装数量的限制。另外,由于目标的可见光特性很强,有利于远距离探测、捕获目标,但是不适应地球阴影区域。长波红外探测在地球背面区具有很好的探测性能,且在末端成像时,长波红外可对目标完整成像,因此,可见光/长波红外复合探测可优势互补。

2.3　智能规划制导方法

随着最优控制理论的发展，运载火箭在动力系统发生故障或强环境干扰情况下，通过在线调整飞行程序角，仍然可完成入轨任务要求。典型案例有：美国的土星 Ⅴ 火箭曾 2 次在发动机发生故障时通过制导重构成功将阿波罗飞船送入了预定轨道；德尔它上面级 RL－10 发动机发生故障，推力下降，通过制导系统在线生成了新的飞行轨迹，利用剩余推进剂成功完成卫星入轨任务；SpaceX 公司的猎鹰-9 火箭在某次发射任务中一台发动机发生故障而关机，箭载计算机及时地规划出了新的上升轨迹并完成制导重构，通过令其他八台一级发动机多工作 12 s、二级发动机工作时间延长 16 s，使龙飞船最终进入预定轨道。另外，针对火箭垂直返回过程中的强不确定性环境，SpaceX 公司垂直着陆的制导系统也考虑了在线规划与制导重构技术的应用。由此可知，在线轨迹规划和决策技术已广泛研究并应用于运载火箭的故障自适应和环境自适应中，对提高运载火箭故障适应性和飞行可靠性具有重要意义。

2.3.1　运载火箭轨迹规划方法

火箭轨迹规划是以火箭为对象，基于航天飞行力学理论，研究火箭在特定环境下完成特定航天任务，并考虑防热、结构以及过载承受能力等约束的火箭运动和飞行方案的设计工作。火箭轨迹规划在火箭设计、试验中，起着非常重要的作用，通常是火箭总体设计工程或多学科设计过程的重要环节；同时在任务执行过程中，轨迹快速规划能够处理大扰动、应急故障情况下的轨迹在线调整与设计任务，提高火箭的抗扰动性与自适应性。火箭轨迹规划技术自20世纪60年代研究至今，取得了大量的研究成果，主要集中在基于间接法的运载火箭轨迹规划方法、基于序列凸规划的运载火箭轨迹规划方法、多项式制导方法。

2.3.1.1　基于间接法的运载火箭轨迹规划方法

间接法是将轨迹规划问题建模为最优控制问题，基于庞特里亚金

（Pontryagin）极大值原理推导该最优控制问题的一阶必要条件，并将其转化为一个由状态方程、协态方程以及横截条件组成的两点边值问题（Two Problem Boundary Value Problem，TPBVP）进行求解的一种方法。由于该方法是通过求解基于一阶必要条件得到的两点边值问题来求解最优轨迹，不直接对性能指标函数进行寻优，因此称为间接法。

本节首先描述了飞行器的质心运动方程；其次，描述了在火箭类飞行器轨迹规划中，需要考虑的各类约束；再次，根据轨迹规划的优化目标，给出了性能指标函数；最后，针对上述模型，将火箭轨迹规划问题建模为一个非线性最优控制问题，并基于间接法对该问题进行求解，从而得到火箭的飞行轨迹。

在发射点惯性坐标系下，建立火箭的运动方程为

$$\begin{cases} \dot{\boldsymbol{r}} = \boldsymbol{v} \\ \dot{\boldsymbol{v}} = \boldsymbol{g} + \dfrac{\boldsymbol{T}}{m} + \dfrac{\boldsymbol{A}}{m} + \dfrac{\boldsymbol{N}}{m} \\ \dot{m} = -\dfrac{\parallel \boldsymbol{T}(t) \parallel}{I_{sp}g_0} \end{cases} \tag{2-23}$$

$$\begin{cases} A = \dfrac{1}{2}\rho \parallel \boldsymbol{v}_r \parallel^2 SC_A \\ N = \dfrac{1}{2}\rho \parallel \boldsymbol{v}_r \parallel^2 SC_N \end{cases} \tag{2-24}$$

$$\rho = \rho_0 \mathrm{e}^{-\frac{h}{H}} \tag{2-25}$$

其中

$$\boldsymbol{r} = [x, y, z]^{\mathrm{T}}$$

$$\boldsymbol{v} = [v_x, v_y, v_z]^{\mathrm{T}}$$

$$\boldsymbol{g} = [g_x, g_y, g_z]^{\mathrm{T}}$$

$$\boldsymbol{T} = [T_x, T_y, T_z]^{\mathrm{T}}$$

$$\boldsymbol{v}_r = \boldsymbol{v} - \boldsymbol{\omega}_e \times \boldsymbol{r}$$

式中 $\boldsymbol{r}$ ——位置矢量；

$\boldsymbol{v}$ ——速度矢量；

m ——飞行器质量；

$\boldsymbol{g}$ ——重力加速度矢量；

T ——飞行器推力矢量；

I_{sp} ——飞行器的比冲；

g_0 ——海平面的重力加速度大小；

A，N ——分别为飞行器气动力中的轴向力与法向力；

v_r ——飞行器相对气流的速度矢量；

$\boldsymbol{\omega}_e$ ——地球自转角速率；

S ——飞行器的气动参考面积；

C_A，C_N ——分别为轴向力系数和法向力系数；

ρ ——大气密度；

ρ_0 ——海平面的大气密度；

h ——飞行器的海拔；

H ——大气密度常数。

通常，火箭的当前状态作为初始端点约束

$$s(t_0) = s_0 \in \mathbb{R}^7 \tag{2-26}$$

其中

$$s_0 = [r_0^{\mathrm{T}}, v_0^{\mathrm{T}}, m]^{\mathrm{T}}$$

式中　s_0 ——给定的初始状态。

对于火箭在飞行结束时需要到达某一个给定的目标状态的情况，终端约束有

$$r(t_f) = r_f \in \mathbb{R}^3 \tag{2-27}$$
$$v(t_f) = v_f \in \mathbb{R}^3$$

式中　r_f，v_f ——分别是给定的终端位置矢量和速度矢量。

在飞行过程中，火箭的飞行状态需要约束在一定的空间范围内，该约束主要是基于飞行任务的需求，对位置矢量与速度矢量各个分量的大小进行一定程度的限制，具体描述如下

$$r_{\min} \leqslant r \leqslant r_{\max} \tag{2-28}$$
$$v_{\min} \leqslant v \leqslant v_{\max}$$

在飞行过程中的任何时刻，火箭的质量都不能小于飞行器的净重 m_{dry}，

同时，由于飞行中推进剂的消耗，火箭的质量也不会超过其初始质量 m_0。因此，火箭的推进剂约束对应于飞行中可允许的质量约束，具体描述如下

$$M = \{m(t) \in \mathbb{R}^-: m_{\text{dry}} \leqslant m(t) \leqslant m_0, \quad \forall\, t \in [0, t_f]\} \quad (2-29)$$

针对该轨迹规划的性能指标，通常考虑最省推进剂的指标，可以描述为

$$\min J = \int_{t_0}^{t_f} \dot{m}\,\mathrm{d}t \quad (2-30)$$

由于在 $[t_0, t_f]$ 时间段内，恒有 $\dot{m} < 0$，可知火箭的质量是单调递减的，因此，最省推进剂这一性能指标与火箭的最大终端质量等价，此时可以将最省推进剂的性能指标（2-30）转化为梅耶（Mayer）形式

$$\min J = -m(t_f) \quad (2-31)$$

在轨迹规划问题或最优控制问题中，一般情况下，动力学系统表示为

$$\boldsymbol{y} = \begin{bmatrix} \boldsymbol{x}(t) \\ \boldsymbol{u}(t) \end{bmatrix} \quad (2-32)$$

式中　$\boldsymbol{x}$ —— n_x 维的状态变量；

　　　$\boldsymbol{u}$ —— n_u 维的控制变量；

　　　t ——具有单调性的独立变量，在大部分应用中，自变量 t 代表时间。

针对本节所描述的轨迹规划问题，动力学系统可以描述为关于动态变量 $\boldsymbol{y}$ 的典型一阶微分方程

$$\dot{\boldsymbol{x}} = \boldsymbol{f}[\boldsymbol{x}(t), \boldsymbol{u}(t)] \quad (2-33)$$

轨迹规划的目标为寻找合适的控制函数 $\boldsymbol{u}(t)$，最小化性能指标

$$J = \boldsymbol{\phi}[\boldsymbol{x}(t_f), t_f] \quad (2-34)$$

需要满足的目标轨道根数等边界约束一般表示为

$$\boldsymbol{\psi}[\boldsymbol{x}(t_f), t_f] = 0 \quad (2-35)$$

上述问题是一个带有等式约束的泛函极值问题，根据拉格朗日乘子法，把状态方程看作是对泛函的约束，构建带有等式约束的增广性能指标

$$\hat{J} = [\boldsymbol{\phi} + \boldsymbol{v}^{\mathrm{T}}\boldsymbol{\psi}]_{t_f} + \int_{t_0}^{t_f} \boldsymbol{\lambda}^{\mathrm{T}}(t)\{f[\boldsymbol{x}(t), \boldsymbol{u}(t)] - \dot{\boldsymbol{x}}\}\mathrm{d}t \quad (2-36)$$

式中　$\boldsymbol{v}$ ——边界约束式（2-35）对应的拉格朗日乘子；

　　　$\boldsymbol{\lambda}(t)$ ——微分方程约束式（2-33）的伴随向量（或称为协态向量）。

通常情况下，性能指标函数最小的必要条件为，寻找控制量使得性能指标函数的一阶导数为 0；对于式（2 - 36）描述的增广性能指标，由于其为一个泛函指标，则需要寻找控制量使得其一阶变分 $\delta\hat{J} = 0$。首先定义 Hamiltonian 函数

$$\boldsymbol{H} = \boldsymbol{\lambda}^{\mathrm{T}}(t)\boldsymbol{f}[\boldsymbol{x}(t), \boldsymbol{u}(t)] \tag{2-37}$$

和辅助函数

$$\boldsymbol{\Phi} = \boldsymbol{\phi} + \boldsymbol{v}^{\mathrm{T}}\boldsymbol{\psi} \tag{2-38}$$

根据一阶变分 $\delta\hat{J} = 0$ 可得，最小化增广性能指标的一阶必要条件为：

状态方程

$$\dot{\boldsymbol{x}} = \boldsymbol{H}_\lambda = \boldsymbol{f}[\boldsymbol{x}(t), \boldsymbol{u}(t)] \tag{2-39}$$

协态方程

$$\dot{\boldsymbol{\lambda}} = -\boldsymbol{H}_x \tag{2-40}$$

控制方程

$$\boldsymbol{H}_u = \boldsymbol{0} \tag{2-41}$$

以及横截条件

$$\boldsymbol{\lambda}(t_f) = \boldsymbol{\Phi}_x\big|_{t=t_f} \tag{2-42}$$

$$(\boldsymbol{\Phi}_t + \boldsymbol{H})\big|_{t=t_f} = \boldsymbol{0} \tag{2-43}$$

其中，控制方程（2 - 41）是庞特里亚金极大值原理的一种应用形式，通常将其表示为更通用的表达式

$$\boldsymbol{u} = \arg\min_{\boldsymbol{u}\in U}\boldsymbol{H} \tag{2-44}$$

式中　U ——控制量的可行空间。

综上所述，该最优控制问题的完整的一阶必要条件包括：微分方程系统式（2 - 39）、（2 - 40）和（2 - 41），边界约束（2 - 35）、（2 - 42）和（2 - 43）。在始端状态与终端状态均有约束的最优控制问题中，状态方程的边界条件是给定的始端与终端状态约束 $\boldsymbol{x}(t_0) = \boldsymbol{x}_0$，$\boldsymbol{x}(t_f) = \boldsymbol{x}_f$。联立上述方程求解状态量与协态量两个未知函数的这类问题通常称为两点边值问题。通过采用牛顿迭代法求解两点边值问题，得到火箭的最优制导指令，进一步可得到火箭的最优飞行轨迹。

　　间接法将原最优控制问题构建为一个两点边值问题。对于一些简单的最优控制问题，如在状态方程简单、变量较少等情况下，间接法根据最优控制的一阶必要条件与极大值原理，通过两点边值问题的边界约束，反向积分解析得到控制量与状态量的显式关系。

　　对于较为复杂的轨迹优化问题，由于状态方程非线性强、状态变量与控制变量耦合严重，并且变量较多，由此形成的两点边值问题通常都是隐式问题。对于隐式问题，基本不能通过解析的方式给出控制量的显式反馈表达式，这意味着只能通过数值迭代对这一问题进行求解。因此，在求解两点边值问题时，通常也会基于初始猜想，利用牛顿迭代搜索最优解，得到最优飞行轨迹。

2.3.1.2　基于序列凸规划的运载火箭轨迹规划方法

　　随着现代计算机技术的进步与太空探索任务对轨迹规划技术要求的提高，数值方法在轨迹规划研究上也取得了长足的发展。基于数值方法的轨迹规划方法主要是通过将连续空间的轨迹规划问题离散为参数优化问题，并利用数字计算机对参数进行寻优；该方法主要包括对轨迹规划问题的参数化过程和选取合适的数值方法对得到的参数优化问题进行求解的过程两部分内容。通常可以将轨迹规划问题建模为一个非线性最优控制问题，由于火箭轨迹规划问题具有约束复杂、动力学方程非线性强，同时需考虑轨迹规划自主性对求解速度的需求，使得在将该问题建模为非线性最优控制问题之后，其求解方法的研究便成为近年来研究的热点与难点。目前，常见的基于数值方法的火箭轨迹规划方法有预测校正法、配点法、凸规划方法等。

　　本小节主要介绍基于序列凸规划的运载火箭在线规划方法，其核心是最优控制问题的序列凸规划求解策略，即在建模阶段，基于近似凸化方法，将火箭轨迹规划最优控制问题建模为凸规划问题，从而得到快速求解；然后利用迭代策略，补偿凸规划建模时采用近似方法所带来的模型误差。这种将凸化过程在建模中进行的方式，能够针对不同的任务，建立定制化的模型，从而方便求解，减少迭代过程，提高最优控制问题的求解速度。下面对具体采用的凸规划相关理论进行简要介绍。

（1）凸规划

凸规划通常包含线性规划、凸二次规划、二阶锥规划以及半定规划等，不同凸规划定义的区别主要在于性能指标函数、约束函数等的函数性质不同。本书对原最优控制问题进行凸逼近建模时，将其建模为任一凸规划模型，均可以通过原始对偶内点法得到有效求解。不过，一般情况下，对于轨迹规划类问题，将其建模为二阶锥规划能够包含大部分轨迹规划的凸逼近建模需求。

①凸规划定义

当一个非线性规划

$$
\begin{aligned}
& \text{minimize} && f_0(\boldsymbol{X}) \\
& \text{subject to} && f_i(\boldsymbol{X}) \leqslant 0, && i = 1, \cdots, m \\
& && h_j(\boldsymbol{X}) = 0, && j = 1, \cdots, p \\
& && \boldsymbol{X} \in \mathbb{R}^n
\end{aligned}
\tag{2-45}
$$

为凸规划时，需要满足：f_0 与 f_i 为凸函数，h_j 为线性（仿射）函数，且 $\boldsymbol{X} \in \mathbb{R}^n$ 为凸集合。这些条件限制使得凸规划问题也可以描述为：在凸可行集合中，寻找最优解，使得某一凸函数最小。

②凸规划求解的收敛性与复杂度分析

对于凸规划问题的求解，原始对偶内点法是一种成熟且有效的方法，其主要特点包括：1）算法开始时，不需要给出初始猜想；2）算法的求解过程具有多项式时间收敛特性。

对于内点法的算法复杂度，在原始对偶内点法求解的每一次迭代中，最多需要 $O(\max\{n^3, n^3 m, F\})$ 次运算，其中 n 是问题的维度，m 是约束的个数，F 是性能指标与约束的一阶、二阶导数需要的运算量。对于特定的凸规划问题，原始对偶内点法所采用的迭代次数能够限制在与约束数量相关的多项式函数之内，从而保证其多项式时间收敛特性。当对原始对偶内点法的结构进行开发后，如进行稀疏性开发，原始对偶内点法能够处理拥有成千上万个变量和约束的大规模凸规划问题。

（2）二阶锥规划

通过各种不同的凸逼近方式，火箭轨迹规划问题通常被转化为一个二阶锥规划问题。二阶锥规划是凸规划的一种特殊形式，其具体定义如下。

①二阶锥规划定义

当一个非线性规划有如下形式

$$\text{minimize} \qquad\qquad c^{\mathrm{T}}X$$

$$\text{subject to}$$

仿射等式约束　　　　　$F_i X = g_i, \qquad\qquad i = 1, \cdots, m$

不等式约束　　　　$\| A_j X + b_j \|_2 \leqslant C_j X + d_j, \quad j = 1, \cdots, p$

$$X \in \mathbb{R}^n$$

$$(2-46)$$

则称该问题为二阶锥规划问题。其中，$X \in \mathbb{R}^n$ 为凸集合，性能指标函数是线性函数，因此，该函数既是一个凸函数又是一个凹函数；同时，由于等式约束是仿射的，不等式约束使优化变量 X 的可行范围约束在一个标准的二阶锥中，该二阶锥所表示的集合为凸集合，因此可知，二阶锥规划问题是一个典型的凸规划问题。

从上述定义可知，当 $C_j = 0$ 时，该二阶锥规划问题等价为一个二次规划问题；当 A_j，$b_j = 0$ 时，该问题等价为一个线性规划问题。二阶锥规划中的性能指标函数要求是线性的，对大部分轨迹规划问题的优化指标函数并不适用，但通常情况下，通过采用变量替换、松弛技术等方式，仍然可以将其转化为二阶锥规划问题。

②二阶锥规划求解的收敛性与复杂度分析

在利用障碍法或中心路径法求解二阶锥规划问题时，通常满足一种自协和条件，该自协和条件能够保证二阶锥规划问题的求解过程中牛顿迭代次数为有限可计算的。假设某最优值的收敛容差为 $\varepsilon > 0$，那么其牛顿迭代次数为

$$N \leqslant \left[\sqrt{m} \log_2 \left(\frac{m}{t^0 \varepsilon} \right) + 1 \right] \left(\frac{1}{2\gamma} + c_{nt} \right) \qquad (2-47)$$

式中　γ，c_{nt} ——分别为关于固定回溯参数和牛顿方法中容许误差的函数；

　　　t^0 ——常值，决定了障碍函数的初始影响强度；

　　　m ——二阶锥规划问题中约束的个数。

在实际应用中，利用原始对偶内点法求解该二阶锥规划问题通常具有更好的性能，其有限的牛顿迭代次数的阶数为 $\left\lceil \sqrt{m} \log\left(\dfrac{m}{\varepsilon}\right) \right\rceil$。不过需要注意的是，在利用上述结论分析二阶锥规划的求解复杂度时，需要保证该问题至少具有一个严格可行解。

（3）序列凸规划（Sequential Convex Programming，SCP）

将原最优控制问题凸逼近为凸规划问题，需要采用迭代的策略补偿凸逼近所带来的模型误差，本书采用了序列凸规划的思想对该迭代策略进行设计。序列凸规划是一项局部优化方法，核心思想是通过将原非凸规划问题的非凸性能指标、非凸约束以及非凸动力学近似为凸函数与凸约束后，形成一个凸规划问题，通过不断更新凸约束的近似过程并求解近似后的凸规划问题，以此逼近原非凸规划问题的局部最优解。在序列凸规划方法中，最常用的一种方式是利用线性化技术逼近非凸约束，使非凸约束近似为凸约束。

为了描述序列凸规划思想，首先考虑一个非凸规划问题

$$
\begin{aligned}
\text{minimize} \quad & f_0(\boldsymbol{X}) \\
\text{subject to} \quad & f_i(\boldsymbol{X}) \leqslant 0, \quad i = 1, \cdots, m \\
& h_j(\boldsymbol{X}) = 0, \quad j = 1, \cdots, p \\
& \boldsymbol{X} \in \mathbb{R}^n
\end{aligned}
\tag{2-48}
$$

其中，f_0 与 f_i 中的一部分为非凸函数，h_j 中的一部分为非仿射函数。

具体的序列凸规划迭代过程如下：

第一步：给定初始的参考（或猜想）状态 $\boldsymbol{X}^{\text{ref}}$，在此基础上，将原非凸规划问题逼近为一个凸规划问题。

给定解的信赖域 $\varGamma^{(k)} \in \mathbb{R}^n$。利用凸函数 $\hat{f}_0$ 逼近原非凸性能指标函数 f_0，凸函数 $\hat{f}_i$ 逼近原非凸函数 f_i，仿射函数 $\hat{h}_j$ 逼近原非仿射函数 h_j。最后形成一个逼近的凸规划问题

$$\text{minimize} \quad \hat{f}_0(\boldsymbol{X})$$

$$\text{subject to} \quad \hat{f}_i(\boldsymbol{X}) \leqslant 0, \quad i = 1, \cdots, m$$

$$\hat{h}_j(\boldsymbol{X}) = 0, \quad j = 1, \cdots, p \tag{2-49}$$

$$\boldsymbol{X} \in \Gamma^{(k)}$$

其中，信赖域通常设定为针对当前参考状态 $\boldsymbol{X}^{\text{ref}}$ 的量测范围，$\Gamma^{(k)} = \{\boldsymbol{X} \in \mathbb{R}^n : \|\boldsymbol{X}_i - \boldsymbol{X}_i^{\text{ref}}\| \leqslant \zeta_i, i = 1, \cdots, n\}$。

第二步：求解该逼近的凸规划问题（2-49），得到最优解为 $\boldsymbol{X}^{(k)}$。

第三步：如果 $\|\hat{f}(\boldsymbol{X}^{(k)}) - \hat{f}(\boldsymbol{X}^{\text{ref}})\| \leqslant \varepsilon$（$\varepsilon$ 为判断迭代序列收敛的一个阈值），则序列迭代结束。否则，赋值 $\boldsymbol{X}^{\text{ref}} = \boldsymbol{X}^{(k)}$，令 $k = k + 1$，返回第一步。

上述序列迭代的结束条件也可以设置为达到最大迭代数已经满足，根据不同的任务，可选取不同的迭代结束条件。

通过序列凸规划的思想，在建模阶段，根据特定的飞行器与飞行任务，利用近似方法，将最优控制问题建模为凸规划问题，通过原始对偶内点法快速求解该凸规划问题，然后利用得到的解进一步补偿建模时采用近似方法带来的模型误差，不断迭代这一过程，最终完成原最优控制问题的快速寻优计算。

（4）基于序列凸规划的火箭在线轨迹规划方法验证

将基于序列凸规划的火箭轨迹规划技术分别应用于典型动力故障和垂直返回两种工况，通过仿真验证，进一步说明了该技术的实用性和有效性。

①典型动力故障下的火箭入轨问题在线轨迹规划

某火箭在大气层内飞行时，一台发动机推力下降 90%，利用基于序列凸规划的轨迹规划方法规划出降级轨迹，并延长飞行时间，最终使火箭进入 $<160\text{ km} \times 160\text{ km}>$ 停泊轨道，并进入原预定轨道。通过将轨迹规划得到的程序角与入轨点参数，输入制导系统后得到的仿真结果如图 2-20 所示。

在完成轨迹在线规划后，得到新的全程制导程序角和新的入轨点信息，然后基于这些信息，完成飞行时序的重构和关机时间、目标轨道要素等诸元的更新，将这些信息作为制导的输入，进行制导指令的解算，完成降级入轨任务，保证后续飞行可靠性。针对不同的故障情况，制导重构方案有所区别。

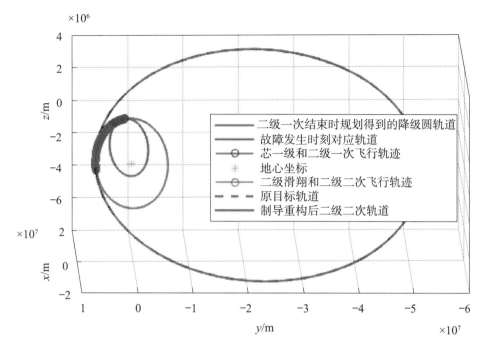

图 2-20 芯一级故障轨迹规划仿真结果图（见彩插）

1）当动力故障发生在大气层内时，大气层内的飞行段采用跟踪轨迹规划得到的飞行轨迹和速度关机进行制导控制，大气层外的飞行段根据在线规划的目标轨道进行显式制导控制；

2）当动力故障发生在大气层外时，直接采用显式制导方法，根据在线规划的目标轨道进行制导指令实时获取。

针对本案例，制导系统在获取新规划参数后切除导引，跟踪规划的程序角飞行，并在大气层外采用显式制导控制向轨道规划的目标轨道飞行。图 2-21 和图 2-22 分别为飞行速度和飞行高度结果图。

②火箭垂直着陆在线轨迹规划仿真

火箭垂直返回着陆的终端约束条件既要求着陆速度大小满足约束的范围，又要求着陆位置、姿态实现高精度的控制。火箭飞行过程中存在扰动和不确定性因素的影响，通过在线规划技术，能够一定程度上提升火箭精确着陆对环境的适应性。

火箭垂直回收的轨迹规划问题是一类含复杂状态约束和控制约束的最优控制问题，一般会通过模型简化后采用数值方法进行求解。在火箭返回着陆

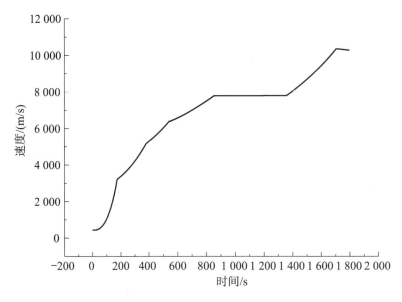

图 2 - 21　在线规划制导重构方案飞行速度结果图

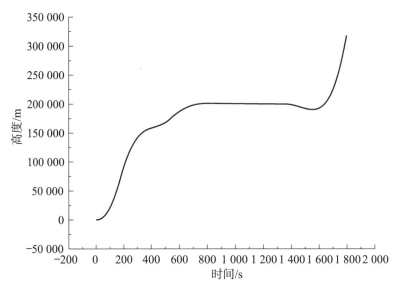

图 2 - 22　在线规划制导重构方案飞行高度结果图

过程中，建立的简化规划模型与实际飞行模型会存在一定偏差，为了提高轨迹规划的控制精度，规划模型需要进行在线修正；同时箭体自身不确定性以及外界干扰（发动机推力偏差、大气模型偏差、气动参数偏差、风场的变化）等因素，造成实际轨迹偏离规划轨迹，需要在飞行过程中不断对控制指令进行更新。

针对上述工程问题，采用序列凸规划方法，实现精度、时间、复杂度与安全性的平衡。根据垂直起降运载器飞行过程中的姿态运动特点，将姿态角幅值和角速度约束转化为在线轨迹规划算法中加速度幅值和变化率的约束，生成满足姿态控制约束的制导指令，提升在线轨迹规划算法生成制导指令的控制效果。

经过研究和计算仿真，采用时域滚动规划策略，该策略基于飞行器实时运动状态，实时滚动生成一条满足各种约束条件的目标到达轨迹，实时补偿干扰项，并根据最新的导航参数实时规划，克服推力和环境不确定性给轨迹带来的干扰。飞行中为了最大限度地适应真实飞行试验中的各种偏差，算法中引入了发动机特性描述、姿态控制回路描述、多输出通道解耦描述等处理模式。在飞行试验过程中，通过对发动机动力学特性在线辨识，实时更新算法中引入的发动机推力增益参数，提升了在线轨迹规划模型的精度。在算法硬件实现方面，提出了一种嵌入式硬件实现方案，其具备数据高速实时处理能力，并具有丰富的对外接口及存储资源，满足在线轨迹规划算法的嵌入式硬件实现需求。

根据本方案的时域滚动规划方式，实时补偿无法建模的气动力项、重力项。每周期根据最新的导航参数实时规划，克服推力不确定性和环境不确定性给轨迹带来的干扰，最终实现效果如图 2-23 所示。

2.3.1.3　多项式制导方法

多项式制导是根据火箭当前时刻和终端时刻的速度、位置信息，以及终端的姿态约束要求，计算飞行器从当前位置到达指定的终端位置，并满足相应的速度和姿态约束要求时所需的推力矢量。在这段时间内，制导系统通过改变箭体纵轴方向实现对火箭质心运动的控制，该方向由欧拉角 φ^*、ψ^* 来描述，在实现终端点位置控制的同时，实现终端点的姿态控制，如图 2-24 所示。

所需的推力大小和推力矢量方向是根据参考坐标系中的 $o'-xyz$ 三轴方向的视加速度求解得出的。为实现 x 和 z 轴方向满足终端速度、位置、姿态和时间的约束要求，采用 4 次多项式来进行轨迹规划，其表达式如下

$$\alpha_i(t) = a_{i4}t^4 + a_{i3}t^3 + a_{i2}t^2 + a_{i1}t^1 + a_{i0} \qquad (2-50)$$

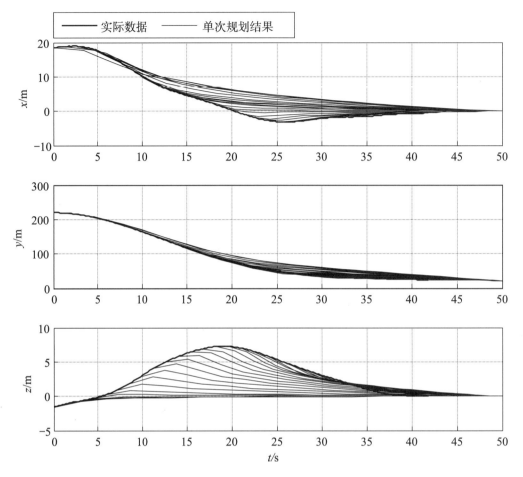

图 2 - 23　在线轨迹规划结果（位置曲线）（见彩插）

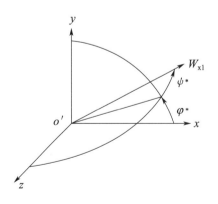

图 2 - 24　推力矢量方向定义

y 轴方向采用 2 次多项式来满足 y 轴方向的终端速度、位置以及推力调节范围的约束条件，其表达式如下

$$y_i(t) = a_{y2}t^2 + a_{y1}t^1 + a_{y0} \qquad (2-51)$$

式中，各系数是根据当前时刻的运动信息、终端加速度、速度、位置和姿态等约束条件的联立求解得出的。对上述两式求二阶导数可得三轴方向的视加速度 a_x、a_y、a_z，则可得相应的推力指令大小为

$$F_{mc} = m\sqrt{a_x^2 + a_y^2 + a_z^2} \qquad (2-52)$$

推力矢量方向为

$$\varphi^* = \tan^{-1}\left(\frac{a_y}{a_x}\right) \qquad (2-53)$$

$$\psi^* = \sin^{-1}\left(\frac{-a_z}{\sqrt{a_x^2 + a_y^2 + a_z^2}}\right) \qquad (2-54)$$

由于飞行中存在质量偏差、推力特性不一致以及气动力等因素的影响，使得飞行器实际与理论推力存在偏差。为此，在所发出的制导指令中引入加表的输出信息进行制导指令的补偿，用来弥补实际与理论推力的偏差量。本方法将其折合成质量偏差进行补偿，即采用如下的公式

$$\begin{cases} \dfrac{F}{m+\Delta m} - \dfrac{F}{m} = a - \sqrt{a_x^2 + a_y^2 + a_z^2} \\ \dfrac{F}{m} = \sqrt{a_x^2 + a_y^2 + a_z^2} \end{cases} \qquad (2-55)$$

式中　a——实际的推力，通过加表信息获得。

目前，工程上广泛将该方法应用于火箭的垂直回收段制导任务中，主要具有以下三个优点：1) 模型简单，通过多项式的方法有效地将轨迹设计问题简化成了求解多项式的系数问题；2) 准确性高，该方法不仅保证了轨迹满足边界条件约束，还考虑了推力加速度的限制；3) 可用性好，该方法降低了火箭垂直着陆对发动机推力调节范围的依赖，且在工程上易于实现，为后续重复使用控制技术的应用提供了技术积累和借鉴。

通过以上分析并经过技术验证平台的飞行验证可知，目前的基于多项式及在线轨迹规划的制导重构方法具有广泛的应用前景，多项式算法计算模型简单且易于在工程上实现，凸优化算法可以通过改变约束数量和形式适应不同复杂场景下的快速轨迹规划需求，这两种方法可以在未来运载火箭的典型故障重构

和垂直回收中进行推广。

2.3.2　运载火箭飞行能力智能评估技术

运载火箭飞行能力智能评估是指对火箭在正常飞行或故障情况下的能力评估规则设计与在线评估方法研究，规则设计与在线评估方法研究的目标是为火箭能力评估提供合适的评价准则与实现手段，并作为任务重构、时序重构和轨迹规划的依据。

2.3.2.1　运载火箭评估指标体系

运载火箭是一个非常复杂的系统，其中只要一个关键的小元件出现故障，就可能造成任务失败。动力系统故障是运载火箭最常见的、也是危害最大的故障源，其故障模式也是千差万别，起因复杂。因此，本节主要针对火箭发生动力系统故障情况下的能力评估体系建立进行介绍。由于飞行阶段较多，需要根据不同飞行段划分，建立各个阶段、各种典型故障模型下的评估指标。

首先，明确各个飞行段评估指标关键参数。基于各种故障模式的特点和本节研究的主要目的，拟选取以下典型故障模式（见表 2-8）设计评估指标。

表 2-8　典型故障模式

故障模式	原因及备注
发动机推力丧失	助推器或芯级发动机未能成功点火
发动机推力下降	阀门部分失灵或推进剂不均导致助推器或芯级发动机推力下降
时序延后	助推器、导流罩、船箭未分离

推力丧失和推力下降可以等效考虑为推力下降，时序上的推迟可以等效考虑为一级芯级助推段或者二级芯级助推段初始状态的偏差。

同时考虑将入轨任务分为上升段和入轨段。其中上升段包含地面垂直起飞、助推器点火、芯级发动机点火以及分离等阶段；入轨段分为停泊轨道段、转移轨道段、目标轨道段等。对于上升段，由导航系统估计的状态包含高度、速度、经纬度等位置信息；对于轨道转移段，则为轨道六根数。

在上升段，主要评定指标为状态与预定轨道偏差，以及过程状态约束等。在入轨段，快速评定的主要依据为飞行器轨道根数等参数。如果出现极其严重故障信息，比如芯级发动机点火失败，将导致任务直接失败，则无须再进行轨迹可达区域预测。如果发生较小故障，如单台助推器未点火或者多级未分离导致时序延迟的问题，可以通过轨迹可达范围快速预测模块进行可达范围预测。在可达范围预测的基础之上，评估飞行器剩余飞行能力以及可完成任务能力。评估指标体系关键参数指标图如图 2-25 所示。

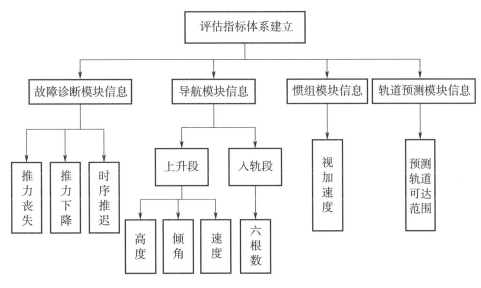

图 2-25　评估指标体系关键参数指标图

在火箭发射后，为了便于指挥员以及试验人员快速掌握任务发射情况，需要在火箭入轨后极短的时间内对发射飞行结果进行快速评定。评定准则要根据产品的实际情况而定，一般分为圆满成功、成功、基本成功和失利四个等级。

在具体的火箭评估指标体系建立方法研究中，考虑到多级液体火箭发射入轨任务存在大量数据信息，评估指标体系会出现冗余情况，一般采用数学方法简化评估指标体系。本节介绍了一种基于冗余性关系分析的评估指标体系简化方法。

在所获取的火箭飞行状态的高维特征中，受部分共同影响因素的影响，监测特征之间存在共同的信息，即冗余信息，这部分信息可以通过共同的监测特征来表示。因此，这部分冗余信息的特征可以删减掉，以降低评估体系的复杂性。通过设置指标冗余性删减阈值，对指标进行删减。

相关性系数是一种能够反应变量之间相关性的定量衡量指标。监测指标之间的相关性可以充分反映监测指标中含有相关信息的程度，即可以反映指标冗余性程度。火箭第 i 个和第 j 个监测指标的相关性系数为

$$\varphi(x_i,x_j) = \frac{\mathrm{cov}(x_i,x_j)}{\sqrt{\mathrm{var}(x_i)\mathrm{var}(x_j)}} \tag{2-56}$$

指标间相关性系数越高，则表示这两个指标间的冗余信息越多，在两个指标的冗余性达到一定程度之后需要对其进行删减。

2.3.2.2　基于最大能力在线优化的火箭飞行能力在线评估方法

由于多级液体火箭上升入轨任务中，阶段较多，而且各个阶段的飞行特性有很大区别，转阶段还存在各种窗口约束问题，因此需要分段研究。本节将多级液体火箭上升入轨任务分为上升段和入轨段。上升段包含助推点火、芯级发动机工作以及分离段等；入轨段在大气层之外，包含停泊轨道段、转移轨道段和目标轨道段。研究存在典型故障情况下，对飞行可达区域进行预测，本节采用在线优化技术，对轨迹可达区域进行在线预测。

（1）运动方程建模与故障条件下上升段飞行能力预测建模

在此段中，飞行器从地面垂直起飞，经过稠密大气层段然后到达停泊轨道段。由于运载火箭发动机摆动角度小，可以近似认为运载火箭发动机的推力方向始终沿着其体轴方向。在发射惯性系上建立运载火箭三自由度动力学模型为

$$\begin{cases} r = v \\ v = ((P-A)I_b + NI_n)/m + g \end{cases} \tag{2-57}$$

式中　r，V，m ——分别为火箭的位置、速度和质量；

　　　P ——在箭体几何系中的发动机推力；

　　　A，N ——分别代表气动力的轴向力和法向力；

　　　I_b ——运载火箭体轴 O_1X_1 的单位矢量在发射系中的投影；

　　　I_n ——运载火箭体轴 O_1Y_1 的单位矢量在发射系中的投影。

假设上升段存在一级助推段、芯一级点火段、芯二级点火段，考虑可能出现的典型故障，例如一级助推器部分未点火引起的推力下降，芯级发动机未能成功点火引起的推力丧失，一二级未成功分离引起的时序延迟等。推力丧失或者推力下降，将直接影响动力学模型中的推力项；而时序推迟会影响轨迹优化

时的初始状态。在典型故障条件下，利用离线优化技术，基于运载火箭三自由度动力学模型，寻找从故障时刻的当前状态开始的所有可行轨迹。所有可行轨迹的终端状态集合形成上升段故障条件下的可达区域。

考虑采用基于凸优化技术的轨迹优化方法。上升段主要考虑的约束条件包括热流约束、动压约束、过载约束。主要性能指标是入轨窗口的精确度。通过选定不同能量下的高度、速度、倾角组合，建立火箭最大能力优化模型。

依据故障发生时刻、故障发生程度，将故障情况分为原标准飞行轨迹一级关机点可达与原标准飞行轨迹一级关机点不可达两种情况。当故障发生时刻较晚、故障较小时，能达到原一级关机点状态，且推进剂消耗量在一级推进剂可用量内，此时一级故障对二级飞行轨迹几乎无影响；在故障发生时刻较早、故障较大时，由于一级推进剂可用量已全部消耗用尽，此时仍无法实现标准飞行轨迹上原一级关机点状态，上升段可行轨迹库的终点形成上升段的可达区域。

（2）火箭过渡段轨道在线预报与可达包络线预测技术

火箭入轨的运动，从发射到最终的目标轨道，基本上可以分为三个飞行段，各段对应不同的轨道，即近地停泊轨道、过渡轨道（从停泊轨道经变轨后在地球与目标星球组成的参考系空间运行）和到达目标星球附近后再次变轨进入目标轨道。以下主要讨论火箭的转移轨道，以及在考虑发动机推力下降、发动机推力缺失、发动机推力滞后等典型故障情况下的轨道包络线的快速计算。

在火箭发射任务中，由于导航、定位、控制等误差的影响，航天器的实际轨道会偏离标称轨道，产生轨道偏差，此轨道偏差范围可以用飞行器的相对可达区进行描述。对于空间近距离任务，如果不对轨道偏差的范围进行分析，就有可能使不同的航天器发生碰撞。这些误差都可以看作是某时刻航天器轨道初值的不确定性。只考虑火箭典型的推力故障等情况，如发动机推力下降、发动机推力缺失、发动机推力滞后等典型情况，将推力产生的误差以及由于之前分段误差产生的各种误差积累，比如位置误差、轨道角度误差等，统一简化为由于轨道初值不确定与推力不确定造成的轨道偏差范围进行分析计算，确定航天器有可能到达的空间区域。

为计算火箭轨道初值不确定性和推力典型故障条件造成的可达区域

（RD），提出一种适用于椭圆转移轨道可达区域预测的计算方法。首先根据轨道双脉冲发动机的剩余推进剂计算出可推进的最大速度增量 Δv_{max}，然后根据最大速度增量计算可达转移轨道平面的最大倾斜角，也就是轨道六根数之一，如图 2-26 所示。

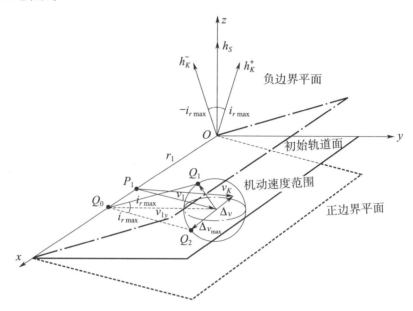

图 2-26　最大倾斜角范围的轨道平面示意图

在最大倾斜角定义的上下轨道平面边界内的轨迹都是可达轨迹所在的轨道平面，但是由于存在其他根数影响，可达平面内轨迹也只有符合椭圆轨道要求的轨迹才是合理轨迹。

为了快速预测入轨段可达区域，根据倾斜角范围内的轨道平面，计算出调整到该平面内的最小非共面能量，脉冲发动机最大能量减去最小非共面能量就是在给定平面内调整轨迹可用的能量值。将可能增量速度加在当前速度状态上，根据轨迹六根数计算椭圆轨道就可以得到可达平面内的可达椭圆轨道。其可达区域形状大致如图 2-27 所示。

2.3.2.3　基于神经网络的火箭发射入轨任务在线评估方法

基于神经网络的火箭能力在线评估方法，是指根据所建立的评估指标体系以及在线可达区域预测技术，在各阶段含有诸如测量信息不确定、初始状态不确定、本体参数不确定等故障信息时，判断到达预定任务的能力大小所使用方

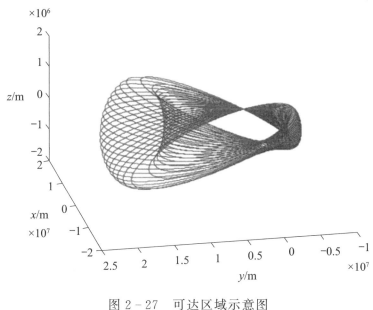

图 2 - 27 可达区域示意图

法。如果评估结果显示故障信息对任务影响不大,将按照制导重构方法到达预先设定轨道。倘若评估结果显示无法到达预定目标轨道,则会给出可达区域的快速预测结果。由于不同的飞行阶段的状态以及任务目标不同,上升段可达区域预测将由神经网络代理模型给出;入轨段可达区域预测将由轨道根数计算得到。

(1) 神经网络代理模型拟合故障信息与可达区域的非线性映射关系

人工神经网络 (Artificial Neural Networks,ANNs) 简称为神经网络 (NNs) 或连接模型 (Connection Model),是一种模仿动物神经网络行为特征、进行分布式并行信息处理的算法数学模型。这种网络依靠系统的复杂程度,通过调整内部大量节点之间相互连接的关系,从而达到处理信息的目的。

在通过前面的研究思路得到大量的故障类型数据和轨道,以及液体火箭可达区域的数据之后,尝试使用神经网络代理模型进行拟合,探索不同具体的故障与故障特性与液体火箭轨道以及液体火箭可达区域的关系。液体火箭在上升过程中大气环境在不断发生变化,随着不断的分级分段火箭本身的物理性质也发生变化,期间的关系肯定不会是简单的数学关系,通过传统的拟合方式难以得到准确的拟合关系。采用神经网络代理模型拟合是因为神经网络在隐藏层足够复杂的情况下可以很好地拟合无穷高阶的级数，而且神经网络代理模型是完全基于数据驱动的，这就很好地避开了不同工作段的液体火箭自身的物理性质的不同给拟合增加的不必要的复杂性。

具体的神经网络代理模型的设计可以考虑如下，主要是故障发生相关参数，例如当前状态、故障情况、故障发生时刻、不确定性参数等，选取最为关心的轨道参数与液体火箭上升段可达区域的相关数据作为输出，比如能量、高度、速度、倾角等轨迹终端状态的范围作为输出（图2-28）。神经网络代理模型拟合量化是有其自身优势的，但是这都是建立在完整的数据驱动的基础之上的。也就是说，必须要有对于研究的问题足够的数据建模，比如故障情况、轨道情况、液体火箭可达区域等相关情况的数学建模与数学描述。在完成这些之后，用神经网络代理模型可以分析出在可知的数据情况之下的输入与输出的隐藏的典型相关关系。

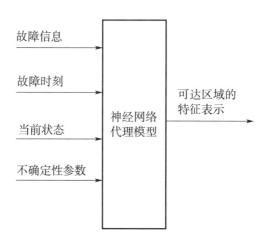

图 2-28　神经网络代理模型示意图

（2）应用神经网络代理模型预测可达区域

在线评估方法会应用代理模型预测可达区域，代理模型的使用方案分为离线训练和在线评估两部分：通过离线对不同故障条件下的实际动力学系统进行仿真与可达域预测计算，然后选取特定飞行时间段的数据建立数据库，进而对神经网络进行训练以得到合适的网络权值。当离线生成大量故障条件下的可行轨迹之后，通过神经网络代理模型拟合故障信息与可达区域范围的非线性映射关系。其中神经网络的输入有故障信息、故障时刻、当前状态、不确定参数，输出是所预测可达区域的特征表示。当离线训练好神经网络代理模型之后，进行在线调用，实现在线评估。在线评估是通过滑动时间窗口实时监测系统运行过程中的时域状态量数据，从而利用训练好的神经网络代理模型得到上升段可达区域的快速预测估计，如图 2-29 所示。

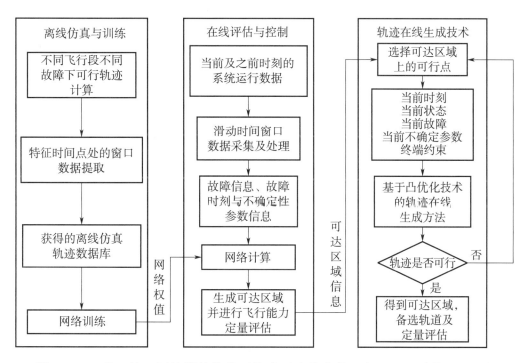

图 2-29　基于神经网络训练的典型故障下液体火箭飞行可达区域快速预测与
备选轨道在线生成方法

2.3.3　运载火箭任务智能决策技术

智能决策是指火箭根据飞行控制能力评估结果，结合当前的应急情况（如动力系统故障、空间碎片等），智能自主进行时序的重新规划、任务的重新决策（如变更目标点或降级入轨等）或空间避障，决策的目标是尽可能完成预定任务，以及在确定不能完成预定任务的前提下，使火箭进入安全轨道。

2.3.3.1　运载火箭轨道智能决策体系

在动力故障下，火箭通常难以直接进入原任务轨道并满足 6 个轨道要素，需要根据实际情况，在线决策并选择合适的中间轨道，以完成最终的任务要求或保证火箭有效载荷的安全。

通常情况下，动力故障后，飞行能力和飞行时序均会产生变化，从而不能理想地满足各轨道要素，尤其是时间要求，同时需要考虑任务对轨道要素的需求排序，即考虑轨道要素的重要性排序。如：

1）火箭能力能够到达原任务轨道，但是任务对纬度幅角有要求，即对近地点幅角和真近点角均有要求，此时需要首先选择一条停泊轨道，进行相位校正。

2）火箭能力使得其需要进入降级轨道的情况，但在选择降级轨道时，需要根据任务对轨道要素的需求排序，依次满足最重要的轨道要素。

3）火箭能力使其需要进入救援轨道，此时结合后续救援任务的资源消耗、地面资源调度分析、地面实时信息等，自主决策最优的救援轨道作为目标轨道。

因此，在进行智能决策体系设计时，需要以任务为导向，以主要因素为主线，逐层进行体系构架的设计。该体系在地面进行设计与建立，在飞行中基于智能决策体系与评估体系、在线评估结果以及相应的地面信息，在线进行自主决策。

智能决策系统框架设计思路如图 2 - 30 所示。

在具体体系设计中，需要针对每种情况，进行全方位建模，并考虑所有情况下的应对策略，以图 2 - 30 中的三种情况为例，具体设计路径如下：

1）针对评估后仍能进入原目标轨道的情况，首先需要根据进入原目标轨道的能力余量，对飞行器进入原目标轨道的能力范围进行分级，比如，相位允许的误差范围内进入原轨道、改变前一级飞行段的时序以满足最后一级飞行段进入原轨道并满足相位要求、进入过渡轨道并最终进入原目标轨道等。

2）针对评估后需要进入降级轨道的情况，需要根据轨道要素的不同排序，完成具体最优降级轨道的决策，决策时需要考虑的优化指标包括：最省推进剂、轨道要素满足情况最好、最省时间等。最后，建立以最优指标、火箭控制能力为输入，目标轨道为输出的决策框架。

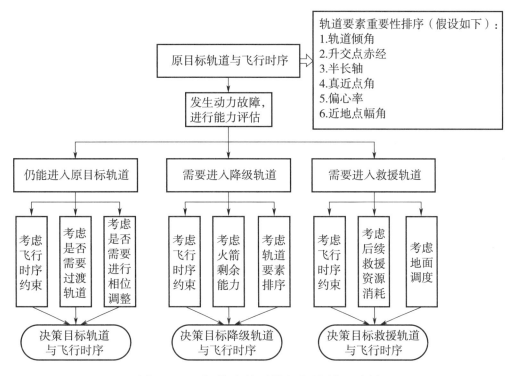

图 2 - 30　智能决策系统框架设计思路图

3）针对进入救援轨道的情况，设计开放式接口，能够兼容任务优先指标、能力评估结果等实时信息模型，构建综合分析平台，并能自主给出救援轨道建议与需要考虑的各项指标，最大程度地保障火箭的安全。

2.3.3.2　基于时间线的动力故障下运载火箭智能决策模型

运载火箭发射有效载荷会先将有效载荷和火箭末级的组合体送至近地停泊轨道，轨道高度一般在 180～400 km，随后末级需根据目标轨道要素约束、飞行时序约束等，选择合适时机二次点火，使有效载荷进入目标轨道。

智能决策研究的主要目标是针对火箭在不同的飞行段发生动力故障情况下，建立快速有效的决策系统，通过在线优化和计算生成动作序列、过程轨道与目标轨道。在开展智能决策时，需要对下列因素进行描述：所需解决问题的状态、系统状态转换的一组动作及相关约束、系统的初始状态和目标状态。决策模型的复杂程度与决策对象的功能和工作环境有关。

采用经典方法描述决策问题时，通常分为三个部分：初始状态、目标状态和可执行动作。初始状态和目标状态分别描述了决策对象在开始和结束时的状态，可执行动作描述了规划对象能够执行的动作集合。初始状态一般表示为命题，目标状态需要结合终端约束进行优化，可执行动作则表示为包括动作名称、动作条件和动作效果的集合，有时还需要考虑动作执行时需要的条件，如动作执行所需的时间和资源消耗情况。

在火箭智能决策问题中，为了简化问题的求解过程，进行如下假设：

1）火箭在工作中状态将发生改变，当故障发生后，考虑故障已完成隔离处置，后续的火箭状态完全是由火箭执行动作的效果造成；

2）火箭的动作产生的效果是完全确定的；

3）火箭动作执行完成后，能够获取外界环境受到动作效果影响后的相关参数。

运载火箭是由多个子系统构成的复杂系统，在建立火箭决策问题模型时，由于各个子系统是一个整体，需要考虑它们之间的协调关系。因此，在建模时不仅要描述各个子系统，还要考虑子系统之间并行执行动作的关系。采用基于时间线的建模描述方法，可以满足对火箭的整体飞行过程进行建模的需求。

在基于时间线的建模方法中，整个火箭被描述为一组时间线，每条时间线上根据时间关系排列着对应子系统的状态，组成了火箭在工作过程中的活动流程。通过时间线模型可以描述自主规划的动作序列，并对生成的规划结果进行验证。本文仅考虑动力系统、任务规划系统和制导系统的时间线。

根据各子系统之间的约束，首先在火箭发生动力故障后，考虑发动机分离约束与动力系统推进剂沉底、推进剂排出等时间约束，然后在发动机产生动力并推动火箭前进后，考虑火箭任务规划系统的安全轨道与目标轨道选择。当任务规划完成后，开展制导系统的飞行时序决策，即火箭需要执行的动作序列。智能决策的目的就是生成能够选择并完成任务目标的一系列时间线上的动作。

采用经典决策问题的建模方法描述规划问题时，仅能够描述离散的命题状态，无法对现实问题中时间资源信息进行描述，并且处理规划空间时需要更加复杂的计算。因此，在针对火箭智能决策问题进行建模时，需要寻找表达能力更加强大的知识表达方式。

火箭决策问题进行建模时，需要描述的对象包括以下各部分：

1）火箭系统：需要描述推进系统、任务规划系统、制导系统所有的可行状态、动作（转换状态的操作）。在执行时需要满足相应的前提条件，在动作执行完成后将产生预期的目标效果，这些需要在火箭动作的知识中进行描述。

2）载荷资源：运载火箭运输的有效载荷具有独立的在轨工作能力，在进行火箭目标轨道决策时，需要考虑有效载荷的资源约束、运行寿命要求等对星箭分离时轨道选择与入轨精度的需求。载荷资源与载荷的运行性能是评价火箭任务决策的关键指标。

3）约束条件：火箭执行动作时需要满足所需的各种约束，包括以下几个方面：

a）逻辑约束：受到设备环境的影响，火箭各系统间相互耦合，动作执行时具有固定的先后顺序，在生成动作序列时必须满足；

b）参数约束：一部分火箭动作在运行时需要给定相应的参数；

c）时间约束：火箭在实际运行时，部分动作需要消耗一定时间完成执行过程，同时也可以为某动作指定与特定时间点的关系；

d）资源约束：火箭动作在执行时，需要使用一定的资源；同时对于资源子系统，在任意时刻都需要保证资源需求的总量不能超过资源的剩余数量。

在描述火箭决策领域知识的同时，也需要对火箭轨迹、轨道拼接进行建模。火箭决策领域知识模型描述了相关的数据类型，而火箭轨迹、轨道拼接问题模型建立在领域模型之上，将具体问题表示为如下几部分：

1）火箭对象：针对领域模型中描述火箭各个子系统的数据类型，给定具体参数，生成具体工作中的火箭对象；

2）初始状态：描述火箭在动力故障后开始决策之前，火箭各子系统的具体状态和相关参数；

3）目标状态：描述在火箭执行规划动作序列之后，期望得到的特定状态。

在建立火箭决策知识模型时，时间线的变化体现了系统的动态特性，时间线上的状态描述了系统动态变化过程中的瞬时状况，而时间线上的动作则描述了状态的变化。当火箭的一个子系统执行动作时，可以控制该子系统所在时间线以及其他时间线上状态的变化，从而操作火箭达到预期状态。在给定一个系统的所有状态和活动后，通过时间线不仅能够获取火箭过去的情况，还可以进行当前情况的估计，并对火箭的未来情况进行预测。

时间线的具体定义为：时间线表示一个子系统在时间区间 $[T_s, T_e]$ 内，根据时间顺序排列的动作集合 $TL = \{a_1, a_2, \cdots, a_n\}$，$a_i$ 为一个动作。以时间线为基础，采用一种面向对象的知识模型，对时间线、时间线上的动作、动作相关的时间资源约束进行了形式化描述。该决策知识模型不仅描述了状态、动作和相关约束，也为设计规划算法提供了便利。

动作是描述火箭决策模型的核心，它将火箭的状态以及改变状态的活动表示为统一的形式。动作是模型中约束的载体，在实际工作时，为了使得火箭动作顺利执行，需要根据火箭的需求满足各类复杂的约束，如时间约束、资源约束、状态约束等。

基于以上建模原则，针对某三级火箭任务模型，进行智能决策建模，如图 2-31 所示。

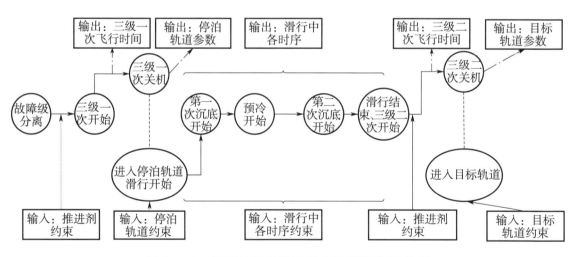

图 2-31　基于时间线的运载火箭智能决策模型

2.3.3.3　基于近似动态规划的运载火箭智能决策方法

近似动态规划方法，基于最优性原理，能够产生当前时刻的最优执行指令，即当前执行指令的不同结果，均可用近似网络的形式进行描述，并开展评估,从而根据评估结果,修正当前的执行指令。

基于近似动态规划的智能决策方法是运载火箭智能决策的一种新型方法,基于运载火箭控制能力智能评估网络在线实时得到的运载火箭执行不同决策后的评估水平,构建控制系统自主任务决策策略,能够实现对非致命故障的精准应对与智能控制,最大限度地确保任务完成度,实现可达任务剖面的最大化。鉴于运载火箭智能决策水平评估网络能够实现对运载火箭决策水平的有效评估,提出基于近似动态规划的智能决策方法(图 2-32),充分利用地面训练得到的策略数据,在智能决策体系框架下,构建任务降解网络,智能自主进行复杂任务的重新决策,即决定继续向原目标飞行,还是到达降级轨道或者救援轨道,降级目标的选择应充分利用推进剂,并使得决策得到的轨道尽可能满足决策体系框架下的最优指标要求。

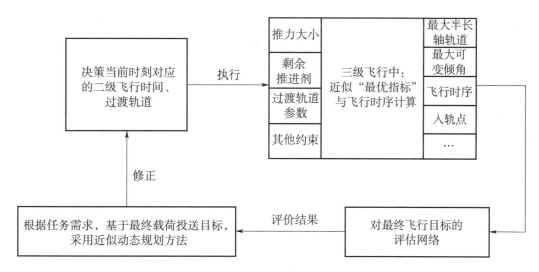

图 2-32 基于近似动态规划的智能决策方法

2.3.3.4 基于轨迹在线生成技术的备选轨道决策方法

本节考虑实际飞行过程中的天地不一致等不确定性参数,提供存在典型故障条件和不确定参数下的备选轨道,并对备选轨道进行能力评估。

首先,根据运载火箭可达区域评估的范围,选择包络线边界及中间点。在优先保障轨道高度的原则下,选择高度最高和高度最低的两个边界以及中间点。其次,在故障条件和不确定参数影响下,采用凸优化技术对不同终端状态的轨道进行在线的轨迹生成，为决策控制系统提供可选择的轨道。如果轨迹在线生成的备选轨道结果均能达到，则可用作决策控制系统的决策依据；如果轨迹在线生成的备选轨道存在不可行的情况，将在可达区域边界内重新选择可行点进行轨道生成。选择可行点的主要思路是基于当前速度位置信息和故障诊断出的发动机推力下降程度实时计算达到原定轨道所需要的推进剂量，并与实时状态计算的剩余推进剂量比较，根据推进剂质量对原目标轨道进行降级。轨道降级的原则是轨道高度尽量靠近目标轨道，其最低要求是使有效载荷进入可无动力飞行并维持足够时间的低轨道。最后根据评估指标体系，对备选轨道进行在线评估，利用在线轨迹生成技术将提高可达区域估计的准确性，形成考虑实时不确定参数的在线闭环评估方法，为决策控制系统提供支持。

2.3.3.5　考虑空间碎片规避的火箭任务决策技术

随着空间碎片的增多，运载火箭的发射任务也要进一步考虑空间碎片威胁下的规避决策。在进行空间物体规避的任务决策中，首先对可能与航天器发生碰撞的危险物体进行碰撞概率评定，然后根据一定的预警判据做出规避决策。

（1）空间目标威胁评估模型

威胁评估流程为：根据数据库最近更新的编目物体轨道数据，进行轨道筛选和外推，得到可能与航天器发生碰撞的危险物体，而后利用数据库中长期分析得到的误差数据和交会关系计算碰撞概率，最后根据一定的预警判据做出规避决策。空间物体危险评估流程如图 2 - 33 所示。

Box 区域判据是在航天器周围定义一个长方体盒子形的预警区域，当有空间物体进入这个预警区域时就发出警报。Box 区域判据的含义是将位置误差平均化，也就是在 Box 区域内部的各个位置发生交会的几率是相同的。碰撞概率是一种更客观、全面和精确的碰撞判据，它不但考虑了轨道预报上的误差，还同时考虑了空间交会物体的轨道特征，交会时刻双方的距离、交会角度以及交会时刻的相对速度，通过在一定假设基础上建立数学模型，考虑这些交会参量的相互关系，最终得到碰撞概率来评价空间碰撞的风险。

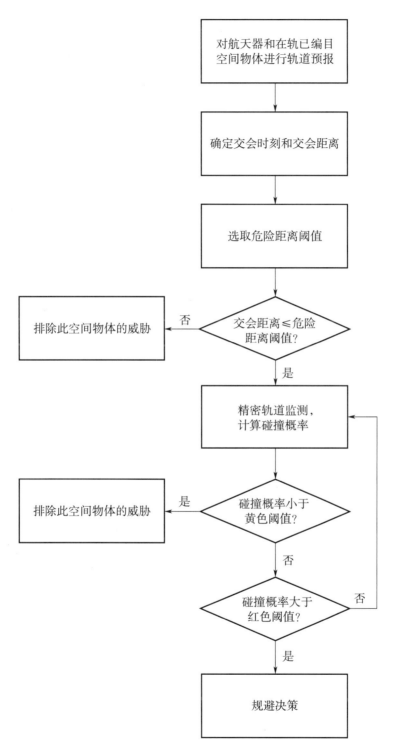

图 2 - 33　空间物体威胁评估流程

①模型输入

为了计算碰撞概率，需要以下四个数据信息：

1）交会时刻航天器的位置和速度矢量；

2）交会时刻空间碎片的位置和速度矢量；

3）交会时刻航天器的位置标准偏差；

4）交会时刻空间碎片的位置标准偏差。

其中，前两项数据是通过轨道计算获得，后两项数据可以通过对空间物体的轨道数据进行统计分析得到。

②假设条件和坐标系定义

在计算碰撞概率时采取如下假设：

1）航天器与空间碎片的运动在交会过程中均近似认为是匀速直线运动；

2）交会过程中两者误差恒定，并且都满足正态分布；

3）航天器与碎片的位置误差矩阵不相关；

4）航天器和碎片都等效为球体。

基于交会时航天器与碎片的位置误差相互独立的假设，将两者的误差复合到同一个物体上，将两者的尺寸复合到另一个物体上，得到如图 2-34 所示的交会情况。

交会参考系的原点定义在复合体中心上，参考系的 Z 轴方向为航天器与碎片相对速度矢量方向，与相对速度矢量垂直的平面称为交会平面，X 轴为交会平面上复合误差椭球的投影椭圆的主轴方向，Y 轴由右手规则得到。航天器和碎片的速度可以通过轨道计算得到，所以对于一次交会两者之间相对速度是已知的，这个交会参考系是唯一的。

在整个运行轨道中，航天器和碎片的相对速度以及误差矩阵都是在不断变化的，但一般相对速度均较大，交会时刻非常短暂，所以对于大多数情况，可以假定在交会时刻上述几个量都是不变的。在交会参考系下，如果不考虑 Z 方向上的变化，在交会参考面内进行计算，就可以把三维问题转化为二维问题，大大简化计算复杂度。将误差和复合体均投影到交会平面上，得到误差投影椭圆和复合体投影，在交会平面上的复合体区域内对二维概率分布函数进行积

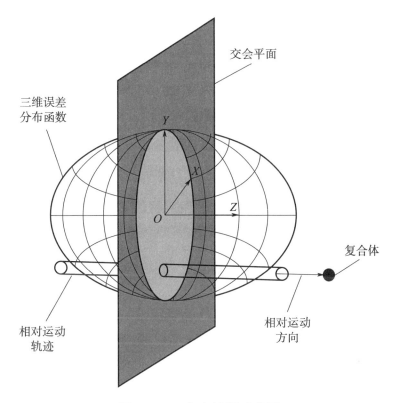

图 2 - 34　交会情况示意图

分，便可得到碰撞概率的值。

计算碰撞概率的数学模型，定义各计算参量（图 2 - 35）如下：

1）X 方向为误差投影椭圆短轴方向，Y 方向为误差投影椭圆长轴方向；

2）σ_x 和 σ_y 分别为误差椭球在交会平面上投影得到的椭圆主轴大小；

3）r_a 是复合体半径；

4）x_m 和 y_m 分别是交会距离在 X 和 Y 两轴上的投影；

5）θ 为复合体中心方向与误差椭圆短轴方向的夹角；

6）d 为误差椭圆中心和复合体中心的距离（交会距离）。

航天器和碎片的位置误差均满足正态分布，复合位置误差椭圆的概率密度函数为

$$f(x,y) = \frac{1}{2\pi\sigma_x\sigma_y} e^{-\frac{1}{2}\left[\left(\frac{x}{\sigma_x}\right)^2 + \left(\frac{y}{\sigma_y}\right)^2\right]} \qquad (2-58)$$

复合体 r_a 圆域内对二维概率分布函数进行积分，得到碰撞概率

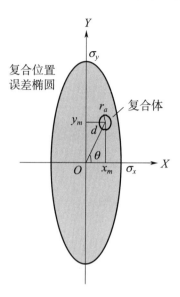

图 2 - 35　碰撞概率计算参量示意图

$$P_c = \frac{1}{2\pi\sigma_x\sigma_y}\iint_D e^{-\frac{1}{2}\left[\left(\frac{x}{\sigma_x}\right)^2+\left(\frac{y}{\sigma_y}\right)^2\right]} dx\,dy \qquad (2-59)$$

$$D = \{(x,y) \mid (x-x_m)^2 + (y-y_m)^2 \leqslant r_a^2\} \qquad (2-60)$$

为简化计算，将概率密度函数坐标原点平移至复合体圆域中心，令 $x'=x-x_m$，$y'=y-y_m$，则有

$$f(x',y') = \frac{1}{2\pi\sigma_x\sigma_y}e^{-\frac{1}{2}\left[\left(\frac{x'-x_m}{\sigma_x}\right)^2-\left(\frac{y'-y_m}{\sigma_y}\right)^2\right]} \qquad (2-61)$$

$$P_c = \frac{1}{2\pi\sigma_x\sigma_y}\int_{-r_a}^{r_a} dx' \int_{-\sqrt{r_a^2-x'^2}}^{\sqrt{r_a^2-x'^2}} e^{-\frac{1}{2}\left[\left(\frac{x'-x_m}{\sigma_x}\right)^2+\left(\frac{y'-y_m}{\sigma_y}\right)^2\right]} dy' \qquad (2-62)$$

Foster 方法将上述二维概率密度函数的积分转化为极坐标形式，令 $x'=r\cos\phi$，$y'=r\sin\phi$，$x_m=d\cos\theta$，$y_m=d\sin\theta$，则有

$$P_c = \frac{1}{2\pi\sigma_x\sigma_y}e^{-\frac{d^2}{2}\left[\left(\frac{\cos\theta}{\sigma_x}\right)^2-\left(\frac{\sin\theta}{\sigma_y}\right)^2\right]} \int_0^{2\pi} d\phi \int_0^{r_a} e^{-\frac{r^2}{2}\left[\left(\frac{\cos\phi}{\sigma_x}\right)^2+\left(\frac{\sin\phi}{\sigma_y}\right)^2\right]-rd\left(\frac{\cos\theta\cos\phi}{\sigma_x^2}+\frac{\sin\theta\sin\phi}{\sigma_y^2}\right)} r\,dr$$

$$(2-63)$$

由于概率密度函数的积分不能得到初等函数形式的原函数，只能使用数值积分法近似计算，积分过程中，角步长取 $0.5°$，径向步长取 $r_a/12$。利用 Foster 方法计算碰撞概率积分形式明确，计算结果精确。但由于计算时需要二

维积分，所以计算速度慢。

为简化相遇平面内的二维积分运算，有学者提出将二维面积分转化为一维曲线积分的方法，使得碰撞概率的计算方法在不规则航天器上得以解决，同时，一维曲线积分可将碰撞概率表达式进一步简化为无穷级数的形式，计算方法和计算误差更加明确。有的学者通过高斯误差函数化简了面积积分函数，从另一方面实现了降维积分的目的。在具体应用中应该根据观测精度和计算硬件条件选择最为合适的方法。

③碰撞概率阈值

在使用碰撞概率判据时，采用两个级别的预警阈值，也叫做预警门限值。10^{-5} 为黄色预警阈值，10^{-4} 为红色预警阈值。当碰撞概率小于黄色预警值时，认为航天器是安全的；当碰撞概率大于黄色预警阈值但小于红色预警阈值时，说明这次交会的碰撞风险是很大的，这时候需要监测设备进一步提供更加详细精密的数据，在不影响航天器主要飞行任务的同时采取规避；当碰撞概率大于红色预警阈值时，需要航天器立即中止正在进行的任何空间试验，根据地面指控系统的规避策略进行机动规避，从而确保航天器的安全。

④危险距离的确定

从碰撞概率的计算模型可以看出，影响碰撞概率大小的主要因素有四个：复合体尺寸、交会距离、误差、交会的几何关系。对于某次特定的危险交会分析，复合体尺寸已知，考虑最差交会几何关系条件下，选定碰撞概率预警阈值对应的危险距离是误差的函数。

（2）空间碎片碰撞预警

运载火箭发射前的空间碎片碰撞预警，是提前预测这段轨道上是否可能与空间碎片发生碰撞，并且设法躲避碰撞。现有发射预警流程为空间目标碰撞预警软件系统利用空间碎片模型的碎片数据和两行轨道根数（TLE）数据进行碰撞概率仿真，碰撞风险评估，并根据任务指挥部提供的火箭理论飞行轨迹和卫星理论入轨根数以及"−24 h"空间目标编目数据，计算发射飞行轨迹预警判据与门限，根据火箭飞行轨迹差数据，确定发射飞行轨迹预警门限，给出卫星入轨轨道预警判据与门限。

运载火箭顺利通过发射阶段进入轨道以后，空间碎片碰撞预警工作仍需继续进行，这一阶段的预警工作称为"实时预警"。实时预警可对未编目碎片或突然来袭的小卫星进行监测和预警，首先箭载探测器将探测到的目标位置、速度信息发送到箭载计算机，箭载计算机对目标进行威胁评估，并依照规避区或规避概率阈值标准进行碰撞预警，在有碎片进入规避区或超过规避阈值时，控制运载火箭实施规避。

（3）射前空间碎片规避策略

通过射前轨迹规划实现空间碎片规避，主要考虑以下两种模式：第一种是控制系统多轨道装定技术，一次装定多条飞行轨迹诸元，根据射前监测结果决策使用合适的轨迹实现空间碎片规避；第二种是根据目标轨道空间碎片碰撞风险评估结果，在射前进行轨迹重新规划，然后根据射前输入重新生成飞行轨迹诸元装定上传。

针对第一种射前多飞行轨迹装定模式，由于在射前已完成多种状态诸元测试验证，在射前根据空间碎片碰撞监测结果直接决策切换，无须开展重复的诸元测试确认工作。设计原则及思路如下：

1）射前流程具备多次选择飞行诸元数据的功能，选择飞行诸元后上传箭机并自动完成校验；

2）飞行软件可多次响应轨道选择的功能，在确认轨道后均进行四元数初值和姿态角初值解算；

3）为确保轨道选择的正确性，箭载计算机收到主控计算机的"飞行轨迹选择"指令后，进行初值计算，完成后立即下传飞行轨迹关键诸元进行显示确认；

4）箭载计算机开始计算后，飞行软件"滑动"计算不水平度，直到点火时刻停止。

针对第二种射前轨迹重规划模式，利用总体靶场诸元生成系统实现飞行诸元直接传递给地面微机，软件专业在地面微机上生成飞行诸元后，将飞行诸元上传至总体靶场诸元生成系统中，之后由地面测发控主控微机从诸元生成系统下载飞行诸元，再上传至箭载计算机。

（4）在线空间碎片规避策略

①基于地基预警数据的在线避障方案

射前已知碎片与飞行管道相遇的 UTC 时间 T_y，中心点 O 的位置及静态规避区大小（以中心点为圆心，半径 1 km/5 km 的圆）。

假设运载火箭以速度 V 飞行至 P 点（根据相对 O 点的时间或距离确定）。以 P 为顶点，做一圆锥与规避区相切，切线为一小圆。以 OP 和 V 两个矢量形成平面与切线相交于 A、B 两点。通过 PA 与 PO 矢量，PB 与 PO 矢量，V 与 PO 矢量的关系，可以得到 V 与 PA 矢量以及 V 与 PB 矢量相对较小的夹角 θ，调节发动机推力矢量方向，将 V 改变至 V_1，即可以最短路径绕开规避区。避障方案原理图如图 2 - 36 所示。

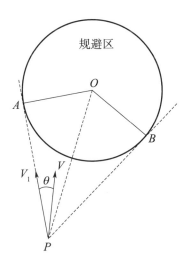

图 2 - 36　避障方案原理图

②基于自主探测信息的实时规避

对于运载火箭发射入轨并规避空间碎片这一应用需求，可以转化为约束型最优控制问题处理，即把空间碎片禁飞区作为路径约束，入轨条件作为终端约束，根据最优控制理论进行制导律设计。通过求解约束型最优控制问题，可以实现任务需求，给出的规避方案如下：

对运载火箭发射入轨并规避空间碎片问题进行动力学建模，给出最优性能指标和约束条件，建立约束型最优控制问题。

采用直接法（伪谱法、凸优化法等）求解上述约束型最优控制问题，即通过轨迹优化获得开环最优解。

根据模型预测控制理论，将开环最优解的控制量作为控制输入进行制导控制，执行一个制导周期。下一个控制周期内重复"轨迹优化＋制导控制"这一过程，实现滚动时域控制，从而动态地处理各项约束，实现任务需求。

通过以上分析，可知：

1）射前多飞行轨迹装定模式，对于窄窗口发射任务，若所有预装定飞行轨迹均不满足发射窗口需求，仍需推迟或取消发射任务，无法从根本保证发射任务的完成。射前轨迹重规划模式对于碎片定轨精度、数据更新速率要求较高，对探测资源保障要求较高，同时，依据总体生成的飞行轨迹开展诸元快速生成、测试和装定流程，是后续研究的重点方向。

2）由于火箭的机动能力和修正能力较弱，基于地基预警数据的在线避障方案，无论是一次避障还是两次避障，均存在避障耗时长，对入轨精度影响较大的问题，且目前所进行的机动能力仿真未考虑载荷承受能力、推进剂是否满足机动消耗等总体限制问题。

3）基于自主探测信息的实时规避方案，对实现算法进行了理论模型设计，后续需结合具体探测场景、探测器获取目标的数据精度、威胁评估模型的有效性进行可行性分析。

2.4　智能姿态控制方法

运载火箭结构安装存在的误差，以及弹性、晃动、未知环境扰动等因素都会对控制系统产生影响，加上飞行过程中动力系统、执行机构等典型非致命故障时有发生，传统的姿态控制方法已经难以适应未来火箭飞行过程中"随机应变"需求，需要探索运载火箭智能姿态控制技术，使未来运载火箭变得更自主、更聪明。智能姿态控制可分为基于模型和基于数据的智能控制，前者指基于已有的额定模型信息，对控制系统进行局部的智能化设计，如弹性的智能控制，对风干扰的智能化设计，达到减载控制的目的，以及故障下的智能重构等；后者指基于飞行中的输入输出数据，在飞行控制中引入人工智能技术（包括神经网络控制、学习控制、数据挖掘等），使飞行器结构与参数变化时控制系统能够自动地修改控制器的结构与参数，优化控制性能指标。

2.4.1　基于模型的运载火箭智能姿态控制技术

2.4.1.1　运载火箭弹性自适应控制技术

为应对弹性运动建模不确定性，使设计参数尽可能适应更大范围弹性偏差，基于弹性在线辨识的结果，研究适用于运载火箭控制的弹性自适应增广控制技术（Adaptive Augmenting Control，AAC）。通过对姿态控制指令中弹性信号的在线提取，自适应调节姿态通道静态增益和网络参数，提高飞行控制质量，增强控制系统适应能力，确保飞行稳定。

自适应增广控制模块主要由自适应律、高低通滤波器、限幅处理三部分组成。其结构如图 2 - 37 所示。

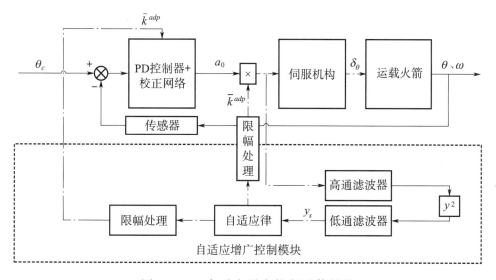

图 2 - 37　自适应增广控制总体结构

自适应增广控制模块以姿态通道控制指令为输入，静态增益调节系数 $\bar{k}^{adp}$、网络调节系数 $\tilde{k}^{adp}$ 为输出，在 PD 控制器＋校正网络的基础上，通过增益和网络调节系数的自适应调整实现如下两个功能：

1）当不确定弹性振动引起弹性信号与控制信号发生耦合时，通过在线降低姿态通道增益、调节网络参数的方式，减弱弹性振动影响；

2）当原控制器能够较好地实现姿态稳定控制时，尽量不改变增益和网络参数。

对于增益的调节，直接将主通道静态增益 a_0 乘上调节系数 $\bar{k}^{adp}$，即 $\bar{k}^{adp} \cdot a_0$。而网络参数的调节，是对二阶网络环节 $G_2^t(s) = \dfrac{(\omega_1, \xi_1)}{(\omega_2, \xi_2)}$ 的分子阻尼项 ξ_1 进行调节，通过 $\tilde{k}^{adp}$ 的变化完成对弹性高频滤波的调整，即 $\xi_1 = \tilde{k}^{adp} \cdot \xi_2$；网络参数 ω_1、ω_2 和 ξ_2 是固定值。

（1）自适应律设计与作用机理分析

自适应律设计为调节系数 k^{adp} 的微分函数形式

$$\dot{k}^{adp} = -p_{hi}(y_s) \cdot \alpha \cdot k^{adp} + \beta \cdot (1 - k^{adp}) \qquad (2-64)$$

其中，$p_{hi}(y_s) = 1 - \left[1 + \exp\left(a \cdot \dfrac{y_s}{m} - b\right)\right]^{-1}$，类似于神经网络中的激活函数，是弹性能量信号 y_s 的函数，它根据姿态通道控制指令中包含的高频弹性的强弱在 $0 \sim 1$ 范围内变化；a、b、m 是大于零的常系数；α 和 β 是自适应律常系数，均大于零。

在控制参数设计合理时，即校正网络在各飞行段对弹性振动抑制较好，指令中的弹性信号 y_s 趋近于零，这样调节系数变化率 $\dot{k}^{adp} \approx 0$，k^{adp} 始终保持在初始值 1 左右。若飞行过程中出现弹性信号突然增大，引起姿态控制指令中出现高频弹性振动信号，姿态指令经过高低通滤波后的弹性能量 y_s 增大，激活函数 $p_{hi}(y_s)$ 被激活，使得 k^{adp} 逐渐减小。调节系数 k^{adp} 减小带来两方面的影响：一是控制增益的降低，二是使得网络参数进行调节，对弹性幅值的滤波作用增强。以上两种措施相当于对弹性振动通过幅值稳定进行控制，促使弹性振动幅值减小，直到微分方程达到最新的平衡态。

激活函数 $p_{hi}(y_s) = 1 - \left[1 + \exp\left(a \cdot \dfrac{y_s}{m} - b\right)\right]^{-1}$ 的一般形式如图 2-38 所示。

当指令中的弹性能量 y_s 很小时，激活函数近似为 0，自适应律中弹性作用部分为 0，此时弹性对增益调节不施加作用。当 y_s 增大到一定值时，激活函数逐渐增大到 1，弹性对增益调节的作用逐渐增强。其中，m 是弹性能量信号 y_s

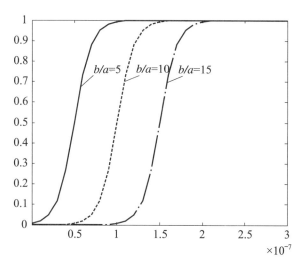

图 2 - 38　激活函数 $p_{hi}(y_s)$ 的一般形式

的放大倍数，可以根据正常额定、上限、下限状态时，经过高通、低通滤波后 y_s 的最大值设计。a 和 b 决定了激活函数 $p_{hi}(y_s)$ 的形状，b/a 决定了激活的门槛，其越小激活的门槛越低。b 决定了函数上升的速度，上升速度越快，意味着增益和网络调节的速度越快，对弹性的变化越敏感。从工程实践角度考虑，需要避免调节过快，同时结合仿真和实际飞行结果分析，设计参数暂定为：$a = 1$，$b = 10$。

对于自适应律参数 α 和 β 的设计，考虑自适应律的平衡点，即 $\dot{k}^{adp} = 0$，有

$$\frac{\alpha}{\beta} = \frac{1 - k^{adp}}{p_{hi}(y_s) \cdot k^{adp}} \qquad (2 - 65)$$

根据姿控设计上下限范围，设置增益调节的范围为 $0.9a_0 \sim a_0$，当增益达到下限幅值 $0.9a_0$ 时，有

$$\frac{\alpha}{\beta} = \frac{1}{9p_{hi}(y_s)} \qquad (2 - 66)$$

根据频域稳定性分析，设置时变二阶网络的固定参数 $\omega_1 = \omega_2 = 50 \text{ rad/s}$，$\xi_2 = 0.24$，分子阻尼参数 ξ_1 的调节范围为 $0.4\xi_2 \sim \xi_2$，当 ξ_1 达到下限幅值 $0.4\xi_2$ 时，有

$$\frac{\alpha}{\beta} = \frac{3}{2p_{hi}(y_s)} \qquad (2 - 67)$$

综合增益和网络调节需求，并结合限幅条件，暂定 $\frac{\alpha}{\beta}=\frac{3}{2}$，其中 $\alpha=$ 1.5，$\beta=1.0$。需要特别说明的是：为确保自适应增益和网络调节范围在设计包络范围内，在正常频域设计时，增益上下限拉偏 20% 进行裕度分析。同时，一级飞行段主通道网络串上二阶环节后一阶弹性频率处仍留有足够的稳定裕度。

（2）高低通滤波器设计

高低通滤波器主要是用来获取并处理控制指令中的高频弹性振动信息，用于在线调节控制器增益和网络参数。设计中，采用高通滤波器获取弹性振动信号，并将该信号的平方经过低通滤波器进行处理，其结构如图 2 - 39 所示。

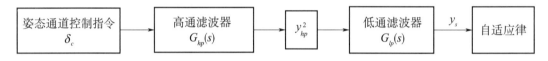

图 2 - 39　高低通滤波器的使用

图 2 - 40 中，高通滤波器输入为姿态通道控制指令 δ_c，$G_{hp}(s)$、$G_{lp}(s)$ 分别为高通、低通滤波器的传递函数。弹性振动信号经过高低通滤波器处理后输入自适应律中，处理过程可表示如下

$$y_{hp}=G_{hp}(s)\delta_c$$
$$y_{lP}=G_{lp}(s)y_{hp}^2 \qquad (2-68)$$
$$y_s=y_{lP}$$

$G_{hp}(s)$ 是为了获取控制指令中的高频弹性振动信号，可根据箭体高频弹性频率设计。为了将弹性振动信号应用于自适应律中，并防止自适应调节系数发生抖振，需要将信号做平滑处理，因此设计低通滤波器 $G_{lp}(s)$。$G_{lp}(s)$ 的截止频率可小于刚体截止频率，以消除信号中的高频成分，留下信号中的低频成分。

以运载火箭为例，在其一级飞行段设置加入弹性大偏差，将不使用 AAC 的结果与使用 AAC 自适应调整参数的结果进行比较，分析自适应调节的控制效果，数学仿真结果为：通过 AAC 自适应计算，增益调节系数、控制网络调节系数均达到了限幅值，相比于不进行调节，角速度、角偏差抖动幅值减小 50%以上，如图 2-40～图 2-43 所示，说明 AAC 起到了较好的抑制弹性振动的效果。

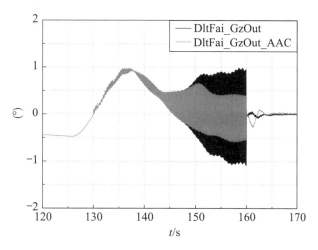

图 2-40 俯仰通道姿态角偏差

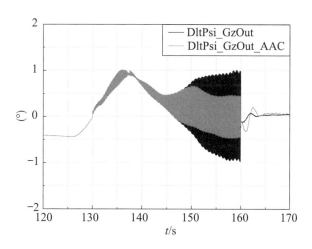

图 2-41 偏航通道姿态角偏差

2.4.1.2 运载火箭智能减载控制技术

火箭在大气层内飞行时，箭体结构需要承受气动载荷与控制力矩相互作用而形成的弯矩。减载控制就是通过减小火箭飞行过程中的气动载荷，保证箭体结构安全，以达到减小全箭结构质量、提高运载能力、提升发射成功概率的目的。

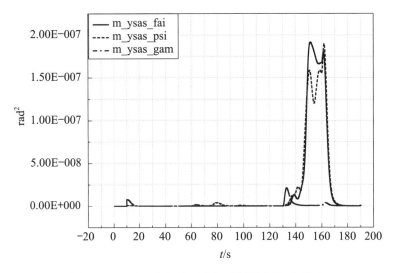

图 2-42 经过高通-平方-低通滤波后指令

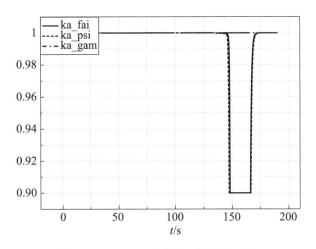

图 2-43 姿态控制增益调整系数

目前，运载火箭减载控制主要分为被动减载和主动减载。被动减载是根据射前高空风的风向和风速，通过轨迹风修正，优化飞行程序角，进而达到减载的目的；主动减载技术是基于传感器实时敏感的某一路反馈信号，通过控制系统中的减载控制器生成减载控制指令，尽可能地使飞行速度方向和实际风速方向平行，进而使风载荷对箭体结构的作用最小。其中，主动减载控制的具体实现方式包括攻角反馈、独立加速度计反馈、惯组加速度计反馈、在线攻角辨识反馈、在线气动力辨识反馈、自抗扰控制等多种形式。下面以自抗扰减载控制为例介绍运载火箭的智能减载控制技术。

自抗扰技术在减载控制中的应用，重点对扩张状态观测器（ESO）估计补偿回路的卸载效果进行分析；同时，对 ESO 估计补偿回路应用于干扰补偿情况进行仿真分析。基于运载火箭动力学模型，结合实际应用，开展自抗扰控制适应性分析，以期从专业角度提出自抗扰控制的适应条件和技术关注点，为后续自抗扰控制在运载火箭中的应用奠定基础。

$\mathrm{ESO}^{\varphi}(z^{-1})$ 的实现原理如下。

对于状态方程如下的系统

$$\begin{cases} \dot{x}_1 = f(x_1) + w(t) + bu \\ y = x_1 \end{cases} \tag{2-69}$$

把包含扰动的 $f(x_1) + w(t)$ 扩张为新的状态变量 x_2，建立线性状态观测器方程

$$\begin{cases} \dot{x}_1 = x_2 + bu \\ \dot{x}_2 = \hat{f} \end{cases} \tag{2-70}$$

对上述被扩张的系统建立线性扩张状态观测器（ $\mathrm{ESO}^{\varphi}(z^{-1})$ ）

$$\begin{cases} e = z_1 - y \\ \dot{z}_1 = z_2 - l_1 e + bu \\ \dot{z}_2 = -l_2 e \end{cases} \tag{2-71}$$

其中

$$u = \Delta\delta_p, y = D_{\mathrm{ESO}}^{\varphi}(z^{-1})\omega_{z1}$$

式中　ω_{z1}——过滤波网络后的角速度；

l_1，l_2，b——设计的增益参数。

通过设计 $\mathrm{ESO}^{\varphi}(z^{-1})$ 中增益参数 l_1，l_2，实现对状态量 x_1，x_2 的估计，估计过程仅用到对象的输入 u 和输出信息 y。通过 $\mathrm{ESO}^{\varphi}(z^{-1})$ 估计作用于对象的扰动总和的实时作用量 z_2，实现干扰补偿控制。

最终得到补偿控制指令

$$\delta_{\varphi\_\mathrm{ESO}} = k_{\varphi}^{\mathrm{ESO}}(t) \cdot \frac{z_2}{b} \tag{2-72}$$

以俯仰通道为例，在当前姿态控制的基础上，将校正网络输出舵摆角与自抗扰通道得到的舵摆角补偿量进行叠加，得到俯仰通道总的控制摆角指令

$$\delta_{\varphi 1} = \delta_{\varphi} + \delta_{\varphi\_ESO} \tag{2-73}$$

式中　　δ_{φ}——传统校正网络输出计算得到的舵摆角控制指令。

自抗扰通道舵摆角补偿量计算如下，令 $x_1 = \omega_{z1}$，则有

$$\begin{cases} z_1 = z_{1,-1} + T \cdot [z_{2,-1} + l_1 \cdot (x_1 - z_{1,-1}) - b_{3f} \cdot \delta_{\varphi 1}] \\ z_2 = z_{2,-1} + T \cdot l_2 \cdot (x_1 - z_{1,-1}) \end{cases} \tag{2-74}$$

$$\delta_{\varphi 0}^{adrc} = \frac{z_2}{b_{3f}} \tag{2-75}$$

式中　　l_1，l_2——自抗扰增益参数，根据 ESO 带宽需求设计得到；

　　　　x_1——ESO 输入量，取值 $x_1 = \omega_{z1}$；

　　　　z_1，z_2——自抗扰估算量，$z_{1,-1}$ 和 $z_{2,-1}$ 为前一拍的估算值。

采用自抗扰减载控制，其减载实施效果典型状态仿真曲线如图 2-44 和图 2-45 所示。

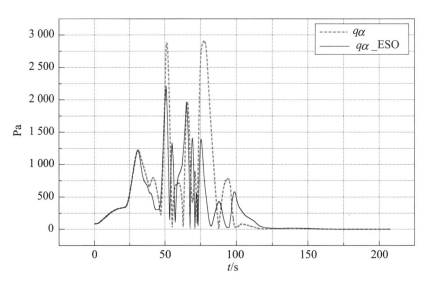

图 2-44　不带惯组加表减载的有无自抗扰减载效果比较

图 2-44 中虚线为无减载控制时的 $q\alpha$ 值，对应最大值为 2 909 Pa，实线为只应用自抗扰控制的 $q\alpha$ 值，对应最大值为 2 213 Pa，具有较明显的减载效果。

图 2-45 中虚线为只应用加表减载控制的 $q\alpha$ 值，对应最大值为 2 231 Pa，

实线为同时应用自抗扰和加表减载控制的 $q\alpha$ 值,对应最大值为 1 768 Pa,具有较明显的减载效果。

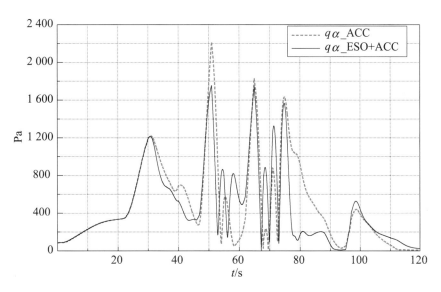

图 2 - 45 带有惯组加表减载的有无自抗扰减载效果比较

图 2 - 46 中虚线为无减载控制时的 $q\alpha$ 值,对应最大值为 2 909 Pa,实线为同时应用自抗扰和加表减载控制的 $q\alpha$ 值,对应最大值为 1 768 Pa,具有较明显的减载效果。从以上可以看出,采用自抗扰控制可以明显降低飞行过程中的 $q\alpha$ 值,具有较明显的减载效果。

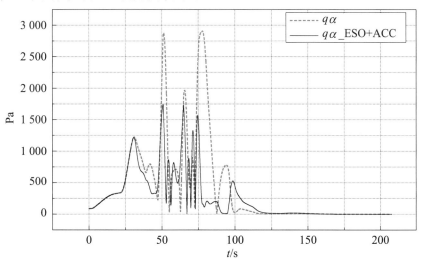

图 2 - 46 不减载与带有惯组加表和自抗扰 ESO 减载的效果比较

2.4.1.3　动力系统故障下运载火箭姿控重构技术

（1）控制参数自适应重构设计

发动机推力故障会造成控制能力下降，在原有控制器参数下，稳定裕度可能会降低甚至不稳定，可在线调整控制器参数或者重构控制器以维持系统性能。

姿控系统考虑采用以下方法实现控制参数自适应重构：基于发动机推力故障下降程度，离线分档设计控制器，即在每一推力下降档位，先设计一个标称控制器，这样通过设计多个重构控制器或补偿器，根据识别的故障信息进行控制器在线切换。通过标称控制律和补偿控制律，来实现参数自适应、故障自适应。控制参数自适应在线切换示意图如图 2-47 所示。

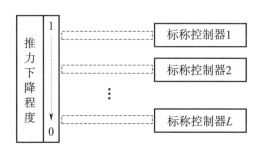

图 2-47　控制参数自适应在线切换示意图

在单台发动机推力非致命下降后，根据故障状态的额定、上限和下限状态的频域稳定性，确定单台发动机推力不同程度下降时的控制参数。

在频域分析及数学仿真中，静态增益下极限偏差取值为 -50% 拉偏，设置系数 μ 为控制增益下限与原控制增益比值，可知 μ 的下限为 $(1+20\%) \times (1-50\%) = 0.6$。

（2）控制指令重分配技术

当出现动力系统故障（故障发动机推力下降），其余各台发动机推力正常时，外在表现是基于发动机的控制力矩不平衡，基于俯仰、偏航和滚动通道的各台发动机平等对待的摆角分配方式被打破，需要基于发动机推力下降程度和姿态控制稳定性分析，重新分配发动机摆角。

采用约束优化方法，在线自适应分配发动机摆角，通过极小化目标函数 J 求取各个伺服摆角分配系数 $\zeta_i (i=1, 2, \cdots, n)$。

摆角分配问题可描述为

$$
\begin{cases}
\min\limits_{\zeta_i,\, i=1,2,\cdots,n} J = \lambda_{x1}|M_{x1}-\bar{M}_{x1}| + \lambda_{y1}|M_{y1}-\bar{M}_{y1}| + \lambda_{z1}|M_{z1}-\bar{M}_{z1}| \\
\text{s. t. } |\delta_j| \leqslant \delta^j_{\max}, j=1,2,\cdots,m
\end{cases}
$$

$$(2-76)$$

式中　λ_{x1}，λ_{y1}，λ_{z1}——加权系数；

$\bar{M}_{x1}$，$\bar{M}_{y1}$，$\bar{M}_{z1}$——控制需求力矩；

M_{x1}，M_{y1}，M_{z1}——实际控制力矩；

$\delta^j_{\max}$——第 j 个摆角的摆角限幅值。

发动机推力故障后，其推力相应降低，控制力矩系数也会相应降低。随着发动机故障程度加剧，适当提升系统静态增益，可以有效改善刚体稳定裕度。应用上述最优原理便是尽可能让实际摆角接近需求摆角。

发动机推力下降程度用 $k_i(i=1,2)$ 表示，目前只考虑单台发动机故障，根据发动机故障情形，若 1 号发动机故障（安装有Ⅰ号和Ⅳ号伺服机构），则伺服机构摆角分配如下：

$$
\begin{aligned}
\delta_{\mathrm{I}} &= (-\delta_{\psi x} + \Delta\delta_{\varphi x} + \delta_{\gamma x})/k_1 \\
\delta_{\mathrm{II}} &= (-\delta_{\psi x} - \Delta\delta_{\varphi x}) \\
\delta_{\mathrm{III}} &= (\delta_{\psi x} - \Delta\delta_{\varphi x} + \delta_{\gamma x}) \\
\delta_{\mathrm{IV}} &= (\delta_{\psi x} + \Delta\delta_{\varphi x})/k_1
\end{aligned}
$$

$$(2-77)$$

若 2 号发动机故障（安装有Ⅱ号和Ⅲ号伺服机构），则

$$
\begin{aligned}
\delta_{\mathrm{I}} &= (-\delta_{\psi x} + \Delta\delta_{\varphi x} + \delta_{\gamma x}) \\
\delta_{\mathrm{II}} &= (-\delta_{\psi x} - \Delta\delta_{\varphi x})/k_2 \\
\delta_{\mathrm{III}} &= (\delta_{\psi x} - \Delta\delta_{\varphi x} + \delta_{\gamma x})/k_2 \\
\delta_{\mathrm{IV}} &= (\delta_{\psi x} + \Delta\delta_{\varphi x})
\end{aligned}
$$

$$(2-78)$$

①发动机摆角限幅

若 $\delta_{14} = \sqrt{(\delta_{\mathrm{I}})^2 + (\delta_{\mathrm{IV}})^2} \leqslant \delta_{\max}$ 且 $\delta_{23} = \sqrt{(\delta_{\mathrm{II}})^2 + (\delta_{\mathrm{III}})^2} \leqslant \delta_{\max}$，则令摆角分配补偿系数 $\xi_{\mathrm{I}} \sim \xi_{\mathrm{IV}}$ 如下

$$
\xi_{\mathrm{I}} = \xi_{\mathrm{II}} = \xi_{\mathrm{III}} = \xi_{\mathrm{IV}} = 1.0
$$

$$(2-79)$$

否则，若 $\dfrac{\delta_{\max}}{\max(\delta_{14}, \delta_{23})} \dfrac{k_1 + k_2}{2} \geqslant \mu(=0.6)$，其中，$\max(\delta_{14}, \delta_{23})$ 表示 δ_{14}、δ_{23} 两个值之中的大者，则令

$$\xi_{\text{I}} = \xi_{\text{II}} = \xi_{\text{III}} = \xi_{\text{IV}} = \frac{\delta_{\max}}{\max(\delta_{14}, \delta_{23})} \tag{2-80}$$

若 1 号发动机故障

$$\xi_{\text{I}} = \xi_{\text{IV}} = \frac{\delta_{\max}}{\max(\delta_{14}, \delta_{23})} \tag{2-81}$$

$$\xi_{\text{II}} = \xi_{\text{III}} = 2\mu - k_1 \frac{\delta_{\max}}{\max(\delta_{14}, \delta_{23})} \tag{2-82}$$

若 2 号发动机故障

$$\xi_{\text{I}} = \xi_{\text{IV}} = 2\mu - k_2 \frac{\delta_{\max}}{\max(\delta_{14}, \delta_{23})} \tag{2-83}$$

$$\xi_{\text{II}} = \xi_{\text{III}} = \frac{\delta_{\max}}{\max(\delta_{14}, \delta_{23})} \tag{2-84}$$

从推导过程可以看出：将故障下降程度与增益下限比较，若故障程度不高，按照等比例降摆角实现力矩平衡；若故障程度高，则尽可能利用摆角，故障发动机摆角较小，未发生故障的发动机尽可能提供摆角。

②发动机摆角分配

摆角分配公式计算如下

$$\begin{aligned} \delta_{\text{I}} &= \delta_{\text{I}} \xi_{\text{I}} \\ \delta_{\text{II}} &= \delta_{\text{II}} \xi_{\text{II}} \\ \delta_{\text{III}} &= \delta_{\text{III}} \xi_{\text{III}} \\ \delta_{\text{IV}} &= \delta_{\text{IV}} \xi_{\text{IV}} \end{aligned} \tag{2-85}$$

式中　$\xi_{\text{I}} \sim \xi_{\text{IV}}$ ——摆角分配补偿系数。

针对单台发动机推力下降故障，在 350 s 时刻 I 号发动机推力下降至额定推力的 85% 时开展控制重构仿真分析，仿真结果如图 2-48～图 2-51 所示。

从发动机推力故障后的控制重构初步仿真结果可以看出，对一台发动机推力下降的控制重构方法可行，相比无重构状态，姿态控制稳定性能、控制品质和适应性均得到提高。

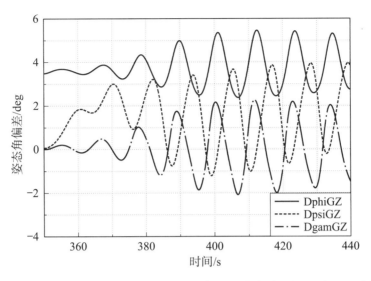

图 2 - 48　PC1 姿态角偏差（推力下降为额定推力的 85％，无重构）

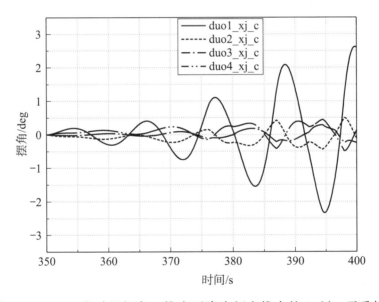

图 2 - 49　PC1 发动机摆角（推力下降为额定推力的 85％，无重构）

2.4.2　基于数据的运载火箭智能姿态控制技术

2.4.2.1　基于数据驱动的估计与控制优化技术

基于数据驱动估计的控制器设计过程，以俯仰通道为例，偏航和滚动通道类似，选择俯仰角 $\Delta \varphi$ 为火箭输出变量，以俯仰控制输入变量 δ_{φ} 为火箭输

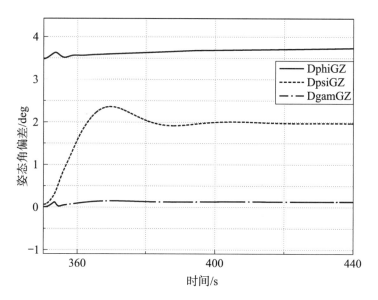

图 2-50　PC1 姿态角偏差（推力下降为额定推力的 85%，控制重构）

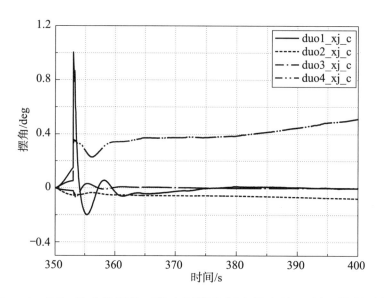

图 2-51　PC1 发动机摆角（推力下降为额定推力的 85%，控制重构）

入变量，建立 $\Delta\varphi$ 与 δ_φ 之间的分布式深度学习数据模型，其具体表达形式
如下。

$$\Diamond\Delta\varphi(k+1) = \boldsymbol{F}_\varphi^{\mathrm{T}}(k)\Diamond\boldsymbol{X}_\varphi(k) \tag{2-86}$$

式中　　$\boldsymbol{F}_\varphi(k)$——伪梯度。

$$\boldsymbol{F}_{\varphi}(k) = \left[\phi_{\varphi,1}(k), \phi_{\varphi,2}(k), \cdots, \phi_{\varphi,L_{\varphi}}(k), \phi_{\varphi,L_{\varphi}+1}(k), \cdots, \phi_{\varphi,L_{\varphi}+H_{\varphi}}(k)\right]^{\mathrm{T}}$$

$$(2-87)$$

$$\Diamond\boldsymbol{X}_{\varphi}(k) = \left[\Diamond\Delta\varphi(k), \cdots, \Diamond\Delta\varphi(k-L_{\varphi}+1), \Diamond\delta_{\varphi}(k), \cdots, \Diamond\delta_{\varphi}(k-H_{\varphi}+1)\right]^{\mathrm{T}}$$

$$(2-88)$$

$$\Diamond\Delta\varphi(k+1) = \Delta\varphi(k+1) - \Delta\varphi(k) \qquad (2-89)$$

$$\Diamond\delta_{\varphi}(k) = \delta_{\varphi}(k) - \delta_{\varphi}(k-1) \qquad (2-90)$$

根据上述关于俯仰通道的分布式深度学习模型，设计如下俯仰通道的控制性能指标函数

$$J(\Delta\delta_{\varphi}(k)) = (\Delta\varphi_d(k+1) - \Delta\varphi(k+1))^2 + \lambda_{\varphi}(\delta_{\varphi}(k) - \delta_{\varphi}(k-1))^2$$

$$(2-91)$$

根据上述控制性能指标函数，采用投影算法，求解使得上述性能指标达到极小的俯仰控制输入变量，即可获得如下俯仰通道的火箭分布式深度学习无模型自适应控制算法

$$\delta_{\varphi}(k) = \delta_{\varphi}(k-1) + \frac{\rho_{\varphi,L_{\varphi}+1}\phi_{\varphi,L_{\varphi}+1}(k)}{\lambda_{\varphi} + |\phi_{\varphi,L_{\varphi}+1}(k)|^2}(\Delta\varphi_d(k+1) - \Delta\varphi(k)) -$$

$$\frac{\phi_{\varphi,L_{\varphi}+1}(k)\sum_{i=1}^{L_{\varphi}}\rho_{\varphi,i}\phi_{\varphi,i}(k)\Diamond\Delta\varphi(k-i+1)}{\lambda_{\varphi} + |\phi_{\varphi,L_{\varphi}+1}(k)|^2} -$$

$$\frac{\phi_{\varphi,L_{\varphi}+1}(k)\sum_{i=L_{\varphi}+2}^{L_{\varphi}+H_{\varphi}}\rho_{\varphi,i}\phi_{\varphi,i}(k)\Diamond\delta_{\varphi}(k+L_{\varphi}-i+1)}{\lambda_{\varphi} + |\phi_{\varphi,L_{\varphi}+1}(k)|^2}$$

$$(2-92)$$

以上控制算法中，由于被控对象数学模型的未知性，每个通道通过动态线性化产生的伪梯度是未知变量，下一步需要利用每个通道的输入输出数据来估计每个通道的伪梯度的估计算法。根据俯仰通道的动态线性化形式，设计如下关于俯仰通道的伪梯度的估计准则函数

$$J\left(\boldsymbol{F}_\varphi(k)\right)=\left(\Delta\varphi(k)-\Delta\varphi(k-1)-\boldsymbol{F}_\varphi^{\mathrm{T}}(k)\Diamond\boldsymbol{X}_\varphi(k-1)\right)^2+$$

$$\mu_\varphi\parallel\boldsymbol{F}_\varphi(k)-\hat{\boldsymbol{F}}_\varphi(k-1)\parallel^2$$

$$(2-93)$$

根据以上估计准则函数,利用最优条件可得相应俯仰通道的伪梯度的估计算法

$$\hat{\boldsymbol{F}}_\varphi(k)=\hat{\boldsymbol{F}}_\varphi(k-1)+\frac{\eta_\varphi\Diamond\boldsymbol{X}_\varphi(k-1)}{\mu_\varphi+\parallel\Diamond\boldsymbol{X}(k-1)\parallel^2}\left(\Diamond\Delta\varphi(k)-\hat{\boldsymbol{F}}_\varphi^{\mathrm{T}}(k-1)\Diamond\boldsymbol{X}_\varphi(k-1)\right)$$

$$(2-94)$$

依据上述估计算法,最终可得基于全格式的无模型自适应控制算法实现流程,每个通道的具体控制算法如下

$$\hat{\boldsymbol{F}}_\varphi(k)=\hat{\boldsymbol{F}}_\varphi(k-1)+\frac{\eta_\varphi\Diamond\boldsymbol{X}_\varphi(k-1)}{\mu_\varphi+\parallel\Diamond\boldsymbol{X}(k-1)\parallel^2}\left(\Diamond\Delta\varphi(k)-\hat{\boldsymbol{F}}_\varphi^{\mathrm{T}}(k-1)\Diamond\boldsymbol{X}_\varphi(k-1)\right)$$

$$(2-95)$$

$$\hat{\boldsymbol{F}}_\varphi(k)=\hat{\boldsymbol{F}}_\varphi(1)\tag{2-96}$$

如果 $\parallel\hat{\boldsymbol{F}}_\varphi(k)\parallel\leqslant\varepsilon$ 或 $\parallel\Diamond\boldsymbol{X}_\varphi(k-1)\parallel\leqslant\varepsilon$ 或 $\mathrm{sign}(\hat{\phi}_{\varphi,L_\varphi+1}(k))\neq\mathrm{sign}(\hat{\phi}_{\varphi,L_\varphi+1}(1))$

$$\Delta\delta_\varphi(k)=\Delta\delta_\varphi(k-1)+\frac{\rho_{\varphi,L_\varphi+1}\hat{\phi}_{\varphi,L_\varphi+1}(k)}{\lambda_\varphi+\left|\hat{\phi}_{\varphi,L_\varphi+1}(k)\right|^2}\left(\Delta\varphi_d(k+1)-\Delta\varphi(k)\right)-$$

$$\frac{\hat{\phi}_{\varphi,L_\varphi+1}(k)\displaystyle\sum_{i=1}^{L_\varphi}\rho_{\varphi,i}\hat{\phi}_{\varphi,i}(k)\Diamond\Delta\varphi(k-i+1)}{\lambda_\varphi+\left|\hat{\phi}_{\varphi,L_\varphi+1}(k)\right|^2}-$$

$$\frac{\hat{\phi}_{\varphi,L_\varphi+1}(k)\displaystyle\sum_{i=L_\varphi+2}^{L_\varphi+H_\varphi}\rho_{\varphi,i}\hat{\phi}_{\varphi,i}(k)\Diamond\Delta\delta_\varphi(k+L_\varphi-i+1)}{\lambda_\varphi+\left|\hat{\phi}_{\varphi,L_\varphi+1}(k)\right|^2}$$

$$(2-97)$$

　　基于数据驱动的飞行控制仿真包括俯仰通道、偏航通道和滚动通道三个部分，在此仅分析俯仰通道（图 2-52～图 2-56）。从控制器期望输出与实际输出的对比曲线来看，在较短的时间内，控制器输出可以稳定地跟踪到期望输出，并且超调较小，通过仿真图放大效果可看出，曲线跟踪效果有很小的精度误差，这样的误差是可接受的；从俯仰通道的控制器输入的变化曲线来看，在与控制器输出调节时间相匹配的短时间内，控制器输入波动较多，幅度较大，这样的波动和幅度是可实现的，在实现跟踪之后，控制器输入基本无变化，使得能耗降低。

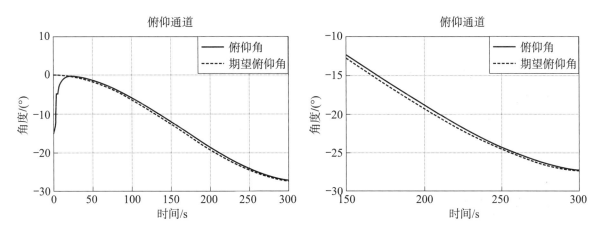

图 2-52　俯仰通道跟踪性能

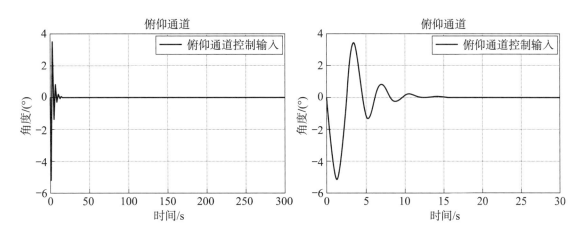

图 2-53　俯仰通道控制输入变化曲线

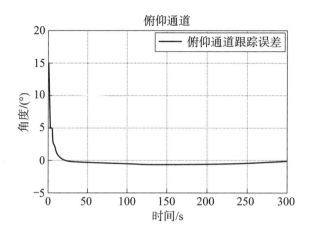

图 2 - 54　俯仰通道跟踪误差曲线

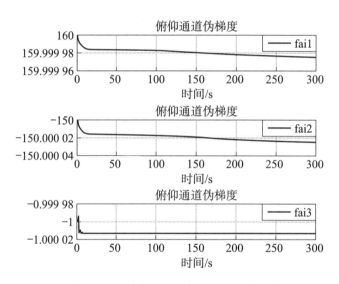

图 2 - 55　俯仰通道伪梯度变化曲线

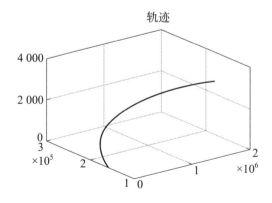

图 2 - 56　火箭飞行轨迹变化曲线

2.4.2.2　基于关联规则的运载火箭数据挖掘技术

针对运载火箭制导控制系统生成的仿真数据量过大进而造成分析难度增大的实际问题，开发基于数据挖掘的仿真数据智能分析平台，该平台具备偏差参数对控制性能的影响度定量评估能力，可识别影响系统性能（指标超差、系统发散等）的关键参数，为系统关键参数感知、迭代设计提供知识基础；具备地面仿真数据高相似度复现能力，可快速地从海量、高维的地面仿真数据集合中找到与某条飞行数据最相似的多偏差状态组合，为控制系统飞行问题复现和地面分析提供高效辅助决策支持。主要可以实现以下功能。

（1）自动化公式编辑标签

设置自动化标签功能，通过各个列之间的运算，来得到发散与否的标签。可探究不同偏差参数对于发散结果的影响，并可以设置阈值，达到自动化打标签的功能，减少数据标注的过程。

（2）GBDT 参数影响度分析

利用梯度提升决策树（Gradient Boosting Decision Tree，GBDT）算法进行参数影响度分析，在分析过程中，将参数偏差项作为 GBDT 模型的输入，发散结果作为 GBDT 模型的标签，以此来训练 GBDT 模型。在训练过程中，调节 GBDT 的相关参数（训练轮数、学习率等）使其达到较好的训练结果。最终，模型有较高的准确度，可以为参数影响度分析研究提供有力的参考依据。模型训练结束后，通过 GBDT 模型的 feature_importances_ 属性输出各个偏差项对发散结果的重要性程度，可以更加直观地分析各个偏差项对发散等不理想结果的重要性程度。

数据离散化：针对飞行试验数据特点，采用等宽离散算法来对数据进行离散化。等宽离散是将数据分成 k 个区间，然后给每个区间一个离散化标签，当数据落在某个确定的区间时，该数据就被离散为该区间对应的离散化标签。数据离散化结果如图 2-57 所示。

根据离散后的数据集，把数据集划分为训练集和测试集，并利用训练集训练 GBDT 模型。根据训练完成的 GBDT 模型得出的参数重要性见表 2-9。通过偏差项重要性可视化结果找出对发散结果影响较大的重要偏差项，作为参数影响度分析的基础。

index	temp1	temp2	temp3	temp4	temp5	temp6	temp7	temp8	temp9	temp10	temp11	temp12	temp13	temp14	temp15	label
0	-0.14	-0.07	-0.05	0.21	0.07	0.18	0.11	0.21	-0.23	0.09	0.06	0.07	0.06	-0.17	0.03	1
1	0.04	0.11	0.12	-0.08	-0.19	0.11	-0.01	-0.07	-0.08	-0.03	-0.12	-0.17	-0.17	-0.05	0
2	0.12	0.02	0.03	-0.14	0.15	-0.19	0.03	-0.16	0.17	0.09	-0.03	-0.12	-0.02	0.07	-0.12	0
3	-0.05	-0.07	0.03	0.39	-0.08	0.09	-0.05	0.06	-0.15	0.18	0.06	0.16	0.06	-0.17	-0.05	1
4	0.04	0.02	-0.19	0.21	0.15	-0.09	-0.13	-0.08	-0.07	0.09	-0.29	0.07	-0.02	0.07	0.03	1
5	0.04	-0.25	-0.05	-0.14	0.07	-0.09	0.03	0.21	-0.07	0.01	-0.12	0.07	-0.02	0.23	-0.05	1
6	-0.14	0.2	0.1	-0.06	-0.08	0.18	0.11	-0.01	-0.31	0.09	-0.12	-0.21	-0.32	0.07	0.03	0
7	0.21	0.11	0.25	-0.06	0.15	0.18	0.03	-0.08	-0.15	0.09	-0.12	-0.12	-0.09	-0.09	0.11	0
8	0.04	-0.07	-0.05	-0.23	-0.08	-0	-0.21	-0.3	0.09	0.01	-0.12	0.07	0.06	-0.01	-0.12	0
9	0.12	0.11	0.1	-0.14	-0	-0.09	0.11	-0.08	-0.15	0.01	-0.03	0.07	-0.09	0.15	0.03	0
10	0.3	-0.25	0.1	-0.06	-0	-0.09	0.03	-0.08	0.17	0.09	-0.38	-0.12	-0.02	0.15	0.03	0
11	0.21	-0.07	0.32	0.21	-0.08	-0	-0.13	-0.01	0.17	-0.08	0.06	-0.31	0.06	-0.01	0.11	0
12	-0.14	0.11	0.03	-0.14	-0.08	0.18	0.03	-0.08	0.09	-0.24	-0.12	-0.03	0.13	0.15	-0.12	0
13	-0.05	-0.07	0.03	0.12	0.15	-0.19	0.03	0.06	-0.07	0.01	0.06	-0.21	-0.17	0.07	-0.12	1
14	0.21	0.02	0.03	-0.23	-0	0.37	-0.05	0.06	0.01	0.09	-0.2	0.07	0.13	-0.09	-0.05	0
15	0.12	0.11	-0.12	0.03	-0.08	-0	0.03	0.14	-0.15	0.01	-0.03	0.07	-0.02	0.07	-0.05	1

图 2 - 57　数据离散化结果

表 2 - 9　GBDT 模型结果

偏差参数	特征重要性
temp1	50.00%
temp3	16.45%
temp2	9.23%
temp7	3.42%
temp11	2.95%
temp10	2.94%
temp15	2.88%
temp12	2.66%
temp9	2.31%
temp5	1.74%
temp5	1.54%
temp6	1.30%
temp13	1.30%
temp14	1.27%
temp8	0.00%

（3）相关参数的决策树可视化

决策树（decision tree）是一个树结构（可以是二叉树或非二叉树）。其每个非叶节点表示一个特征属性上的测试，每个分支代表这个特征属性在某个值域上的输出，而每个叶节点存放一个类别。使用决策树进行决策的过程就是从根节点开始，测试待分类项中相应的特征属性，并按照其值选择输出分支，直到到达叶子节点，将叶子节点存放的类别作为决策结果。决策树模型的核心包括下面几部分：节点和有向边组成；结点有内部节点和叶节点两种类型；内部节点表示一个特征，叶节点表示一个类。

利用决策树可视化出偏差项参数选择的过程，找出在哪些属性的哪些取值下，使得结果发散或不发散。通过决策树可视化，可以直观地观察到偏差项参数对发散结果的影响。同时，这可以用于指导对于偏差项参数的挖掘。为加快决策树模型的收敛过程，利用离散后的数据训练决策树模型。根据训练完成的模型，进行参数的决策树可视化。

若决策树根据各个偏差项来划分样本数据，则每个内部节点表示在一个偏差项的特定离散值上的判断，每个分支代表一个判断结果的输出，每个叶节点代表一种分类结果。例如，对于取值为 10 个值的偏差项参数，在决策树算法中仍被当作连续型变量来处理。首先，对于每个属性的 10 个取值（t_1，t_2，t_3，…，t_8，t_9，t_{10}），按照从大到小的顺序排序。然后计算相邻两个值之间平均值。把平均值作为偏差项参数的划分点。因此，对于每个偏差项参数，一共有 9 个划分点。在决策树的构造过程中，依次选择使得收益最大的偏差项的划分点作为树的分裂节点。最后，构造出完整的决策树。

（4）多元回归模型实现参数的影响度分析

回归分析是数据分析中最基础最重要的分析工具，绝大多数的数据分析问题，都可以使用回归的思想来解决。本研究利用多元回归算法来探究各个偏差项参数对结果（发散、不发散）的影响。具体步骤如下所示。

把飞行数据划分为训练集和测试集。其中，训练集用于训练多元回归模型，测试集用于评估多元回归模型的性能。然后，利用训练完成的模型输出对应特征的影响度系数，结果见表 2 - 10。其中，temp1、temp2、temp3、temp4、temp5、temp6、temp7、temp8、temp9、temp10、temp11、temp12、temp13、temp14、temp15 表示偏差项参数。

表 2 - 10　多元回归模型结果

偏差参数	特征影响度
temp1	0.953 2
temp2	0.399 2
temp4	0.344 8
temp15	0.180 4
temp6	0.043 0
temp5	0.024 3
temp14	0.016 0
temp7	−0.001 7
temp10	−0.007 8
temp8	−0.022 9
temp11	−0.055 0
temp13	−0.142 9
temp12	−0.149 1
temp9	−0.155 5
temp3	−0.181 5

（5）飞行试验数据关联规则挖掘

首先，进行数据离散化预处理。数据预处理的主要工作是将飞行试验数据由连续值转化为离散值。采用等宽离散，将数据分成 k 个区间，给每个区间一个离散化标签，当数据落在某个确定的区间时，该数据就被离散为该区间对应的离散化标签。

对于飞行数据，每一个参数离散化为 10 个值，例如 temp1 参数离散化 p1 _ 1，p1 _ 2，p1 _ 4，…，p1 _ 10。其中"＋"表示不发散，"－"表示发散。离散化结果见表 2 - 11。

表 2 - 11　离散化结果

index	temp1	temp2	temp3	temp4	temp5	…	temp11	temp12	temp13	temp14	temp15	label
0	p1_3	p2_4	p3_4	p4_7	p5_6	…	p11_6	p12_6	p13_6	p14_3	p15_5	＋
1	p1_5	p2_6	p3_6	p4_6	p5_4	…	p11_5	p12_4	p13_3	p14_3	p15_4	＋
2	p1_6	p2_5	p3_5	p4_3	p5_7	…	p11_5	p12_4	p13_5	p14_6	p15_3	＋

续表

index	temp1	temp2	temp3	temp4	temp5	⋯	temp11	temp12	temp13	temp14	temp15	label
3	p1_4	p2_4	p3_5	p4_9	p5_4	⋯	p11_6	p12_7	p13_6	p14_3	p15_4	＋
⋯	⋯	⋯	⋯	⋯	⋯	⋯	⋯	⋯	⋯	⋯	⋯	⋯
496	p1_3	p2_3	p3_6	p4_6	p5_5	⋯	p11_5	p12_3	p13_5	p14_8	p15_4	－
497	p1_8	p2_5	p3_5	p4_3	p5_2	⋯	p11_4	p12_8	p13_8	p14_6	p15_5	－
498	p1_7	p2_5	p3_7	p4_5	p5_4	⋯	p11_7	p12_4	p13_7	p14_7	p15_2	＋
499	p1_4	p2_3	p3_3	p4_2	p5_3	⋯	p11_5	p12_7	p13_8	p14_4	p15_5	＋

然后，设置合适的支持度找出偏差项间的频繁项集。

最后，通过设置频繁项集与置信度的值，找到偏差参数和结果之间的关联规则。挖掘结果见表 2 - 12 和表 2 - 13。

表 2 - 12　偏差参数间细粒度的关联规则

index	antecedents	consequents	support	confidence
0	p2_4	＋	0.202	0.848 74
1	p3_4	＋	0.184	0.844 037
2	p5_6	＋	0.176	0.838 095
3	p6_7	＋	0.086	0.781 818
4	p7_6	＋	0.16	0.824 742
5	p10_7	＋	0.14	0.804 598
6	p11_6	＋	0.164	0.706 897
7	p12_6	＋	0.188	0.796 61
8	p13_6	＋	0.164	0.766 355
9	p14_3	＋	0.09	0.737 705
10	p15_5	＋	0.196	0.852 174
11	p1_5	＋	0.25	0.992 063
⋯	⋯	⋯	⋯	⋯
60	p11_13	＋	0.09	0.918 367
61	p3_3	＋	0.108	0.857 143
62	p4_5	＋	0.188	0.740 157
63	p8_7	＋	0.114	0.76

续表

index	antecedents	consequents	support	confidence
64	p2_3	+	0.102	0.653 846
65	p10_4	+	0.09	0.849 057
66	p15_7	+	0.086	0.826 923
67	p5_3	+	0.078	0.735 849
68	p9_4|p1_5	+	0.07	1
69	p7_5|p1_5	+	0.076	1
70	p1_5|p4_4	+	0.072	1
71	p1_5|p12_5	+	0.074	1
72	p1_4|p12_5	+	0.07	0.921 053

表 2 - 13　偏差参数间粗粒度的关联规则

p1|p5	+	0.2	0.801 6
p2|p8	+	0.15	0.800 3
p3|p6	+	0.13	0.792 4
p1|p5	+	0.3	0.821 0
p2|p9	+	0.231	0.493 1
p1|p9	−	0.31	0.821 0
p3|p8	−	0.221	0.841 0
p1|p5|p3	+	0.134	0.791 5
p2|p6|p3	+	0.112 1	0.801 3
p3|p6|p5	+	0.10	0.793 8
p1	+	0.234	0.813 4
p2	−	0.215 6	0.781 0
p1	−	0.30	0.811 4
p3	−	0.211 0	0.832 0

表 2 - 12 中，antecedents 表示关联规则的先导项 X；consequent 表示关联规则的后继，后继即结果 Y；support 表示支持度，表示 X 和 Y 同时出现的概率；confidence 表示置信度，表示给定 consequent（Y）的情况下，antecedent（X）出现的概率。

（6）飞行试验数据相似度挖掘与飞行轨迹重现

通过本部分研究，实现快速地从大量高维数据集合中找到与某条飞行试验数据最相似（距离最近）的多偏差状态组合，进而实现地面仿真状态对实际飞行状态的高相似度复现，即找出与实际飞行试验数据所关注状态最相似的地面数学仿真文件。研究中主要采用余弦相似度算法、F 范数算法以及平方根误差来计算相似度值，其中，相似度值大小为 0～1，值越大说明两个飞行文件越相近。

同时，对相似度分析功能模块进行算例测试，地面仿真数据来源于某运载火箭主动段数学仿真数据，并选取 4 100 个仿真状态（截取前 15 s），飞行试验数据来源于某运载火箭飞行试验数据，并截取前 15 s 数据。本次测试的主要目的是：从地面仿真数据中，自动获取与飞行试验数据中伺服机构摆角曲线相似度最高的仿真组合状态。

以伺服机构 2 为例，选取相似度值最大的两个状态，即 3811♯ 和 3795♯（其中前者相似度更高），并选取相似度值最小的两个状态，即 295♯ 和 420♯（其中前者相似度更低），给出实际飞行试验与上述四种仿真状态下的尾舵 2 对比曲线，如图 2 - 58 所示。

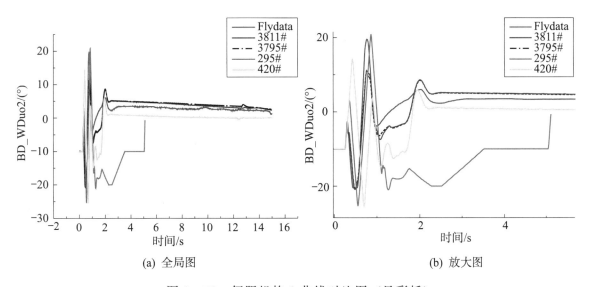

(a) 全局图　　　　　　　　　　　(b) 放大图

图 2 - 58　伺服机构 2 曲线对比图（见彩插）

同时，将相似度最大的 10 个状态进行详细的组合状态分析，见表 2 - 14。

表 2－14　相似度分析状态组合情况

编号	初始状态组合	推力偏差	上下限	质心横移	风干扰	气动偏差	X 向结构干扰	Y 向结构干扰	Z 向结构干扰	弹性干扰
3811	3	1	－1	－1	7	1	－1	1	－1	－1
3795	3	1	－1	－1	6	1	－1	1	－1	－1
3715	3	1	－1	－1	1	1	－1	1	－1	－1
3747	3	1	－1	－1	3	1	－1	1	－1	－1
3763	3	1	－1	－1	4	1	－1	1	－1	－1
3751	3	1	－1	－1	3	1	1	1	－1	－1
3799	3	1	－1	－1	6	1	1	1	－1	1
3735	3	1	－1	－1	2	1	1	1	－1	－1
3765	3	1	－1	－1	4	1	1	－1	－1	－1
3781	3	1	－1	－1	5	1	1	－1	－1	－1

其中，10 个偏差的取值范围为：

1）初始状态组合：0、1、2、3、4、5。

2）推力偏差：－1、1。

3）上下限：－1、1。

4）质心横移：－1、1。

5）风干扰：1、2、3、4、5、6、7、8。

6）气动偏差：－1、1。

7）X 向结构干扰：－1、1。

8）Y 向结构干扰：－1、1。

9）Z 向结构干扰：－1、1。

10）弹性偏差：－1、1（随机）。

通过表 2－14 中 10 个组合状态来看，与飞行试验相似度较大的组合状态见表 2－15。

表 2－15　与飞行试验相似度较大的组合状态表

初始状态组合	推力偏差	上下限	质心横移	风干扰	气动偏差	X 向结构干扰	Y 向结构干扰	Z 向结构干扰	弹性干扰
3	1	1	－1	4	1	－1	1	－1	－1

2.5　小结

本章聚焦于面向运载火箭的智能控制系统，研究故障与空间碎片感知识别、在线轨迹规划和制导控制重构、在线能力评估等关键技术与应用，一方面可大幅提高火箭性能，增强对不确定性和非致命故障的适应能力，满足火箭系统任务和功能日益复杂化的需求；另一方面将更多的感知和决策功能由飞行控制系统自主实现，降低对地面试验的依赖性，从而节约成本。

通过对控制系统的"智能赋能"，使得运载火箭形成了"感知识别—规划制导—姿态控制"的智能控制技术链，显著增强火箭对故障的适应能力和智能化水平，进一步提升可靠性和成功率。另外，未来火箭的研发需要多领域支撑，除智能控制外，还需吸收借鉴智能规划与决策、智能计算、智能通信等领域的先进技术和研究成果，通过自主研发和协作等模式，将各种新兴智能理念、智能体系架构、智能算法、智能硬件通过迁移转化，应用于运载火箭研试。

第3章　运载火箭"机能增强"技术

3.1　概述

"机能"是物质系统的作用和能力，运载火箭"机能增强"是通过一套完整的软硬件系统支撑"智能赋能"算法实现，提高运载火箭实现任务目标的能力，使得运载火箭功能得到拓展、性能得到提升，达到工程目的。

运载火箭"机能增强"为"智能赋能"算法的实现提供了更多源的信息输入、更高速的信息传输、更高效的数据处理，依靠更加高效的电能驱动和更加敏捷的智能信息支持与测发系统，确保火箭能够在短时间内实现快速智能决策。

3.1.1　智能控制系统架构

智能控制系统分为箭上智能飞行控制系统和地面智能信息支持与测发系统，智能飞行控制系统控制火箭飞行过程，尽可能实现目标任务，地面智能信息支持与测发系统是在点火前，对箭上智能飞行控制系统进行测试、评估，确认其满足飞行要求后实施点火发射。

3.1.1.1　智能飞行控制系统架构

面对未来火箭智能控制机能增强需求，箭上飞行控制系统的功能组成呈现多元复杂的特点，采用分层结构处理是解决电子信息系统领域复杂性问题的有效方法，将复杂系统划分为若干层次，各层次由不同的功能构成，基本功能实体只与本层和相邻层次之间发生关联，而与其他层无关联，确保层与层之间的独立性。从信息感知、信息输入与数据处理、控制决策、输出控制与驱动等层次对智能飞行控制系统功能架构进行定义。

综合需求场景对软硬件资源进行整体配置，根据功能需求、功能模块属性（信息处理模块或 I/O 模块）、物理位置分布、预期的开销和功能复用可实现性等多种约束，实现集成与分布相结合的灵活架构，甚至采用微系统技术满足火箭局部控制需求。在系统功能抽象和建模过程中，将上层的系统功能分解成一系列高低耦合的功能模块，为实现资源灵活组合与功能综合应用提供基础。

每一层所完成的功能与系统功能架构层次相对应，I/O 模块实现输入层和驱动层的功能，信息处理模块完成信息处理层、决策层和输出控制层的功能，通过系统层次和单机层次的对应关系，最终实现系统功能到软硬件资源的映射，即资源综合和功能综合。系统层次到单机层次的映射过程及集成控制单元集成模块化电气系统（Intelligent Modular Architecture，IMA）架构如图 3 - 1 所示。

（1）本体与环境信息感知

用于获取运载火箭的飞行状态信息以及运载器内部的状态信息；传感器信号类型主要包括用于测量航天器的姿态信号、位置和速度信号、状态反馈信号、各类环境测量信号等，产品类别包括惯性测量组合、卫星导航信息接收设备速率陀螺、高度表、雷达。

（2）信息输入与处理

包含信息输入层和处理层。将信息处理功能和输入功能分开设计可保证两者的独立性，从而使得计算功能在故障状态下的任务迁移和系统重构成为可能。

信息处理层主要用于完成数据预处理和功能算法实现等工作，模块配置包括 CPU、内存、FPGA 等；信息输入层主要实现功能接口、硬件功能电路的物理实现，硬件配置包括各类接口、功放、A/D、D/A 转换、继电器组合逻辑电路、调制电路等。

（3）控制决策

一般包括制导、姿控、综合控制与健康管理等内容，多种功能的智能算法以 APP 形式运行在多任务箭载操作系统中，根据全箭信息作出决策处理，包括飞行能力评估、任务调整、高精度入轨控制等。

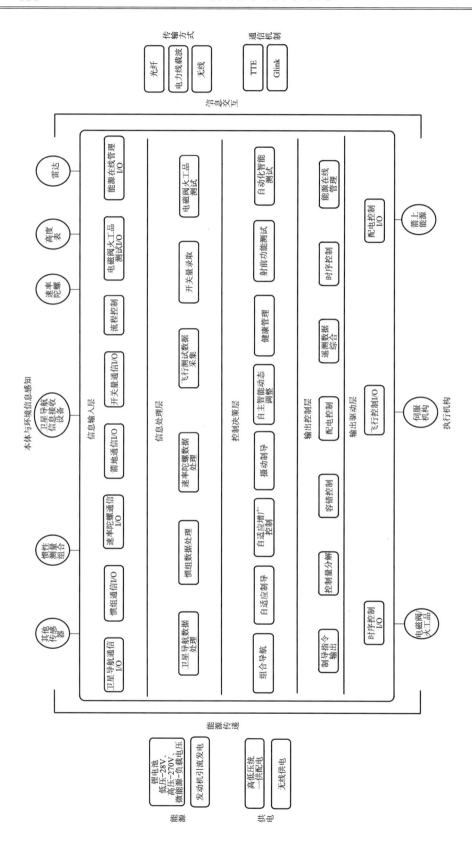

图 3 - 1　系统层次到单机层次的映射过程及集成控制单元 IMA 架构图

（4）输出控制与驱动

经控制决策后系统给出控制指令，通过输出控制与驱动，将指令信号经功率放大推动执行机构产生改变火箭飞行状态所需的力和力矩。执行机构一般包括伺服机构、火工品、电磁阀、无线发射机、电动舵机等。

3.1.1.2   智能信息支持与测发系统架构

智能信息支持与测发系统网络整体架构如图 3-2 所示，分为远程测发控网络、发射场测发控网络，其中发射场测发控网络分为地面前端测发控网络和地面后端测发控网络（或简约测发终端）。远程测发控网络为前方发射场测试发射控制提供后方专家技术支撑，前端接收到后端测试指令后上传到箭上，箭上将测试结果经一体化网络下传到地面前端，地面前端将测试结果经网络反馈给后端，后端对测试结果进行快速处理分析，并决策是否继续测试与发射。

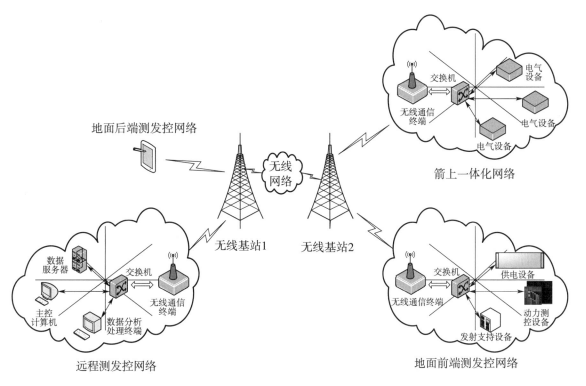

图 3-2   智能信息支持与测发系统网络整体架构

发射场地面测发系统架构如图 3-3 所示，主要实现电能供给、信息交互和应急控制功能。前端主要由地面前端电源、箭地通信计算机、前端应急控制装置组成，后端由冗余主控计算机、云服务器及各功能终端、发控台和后端应急控制装置组成。地面电源以无线电能传输方式为箭上用电设备提供电能，避免了箭地连接操作，进一步隔离了故障，保证了火箭起飞前后控制系统状态的一致性。箭地通信计算机通过无线网络与箭上交互，地面前后端交互过程中，当地面测发控网络工作正常时，通过网络交换机交互，进行测发控指令上传和测试结果下传处理；当地面测发控网络工作异常时，通过应急控制装置进行关键状态控制，确保测试和发射控制的安全性。

箭地信息交互、电能供应也可以通过有线方式实现，前后端交互也可以通过无线方式实现，满足系统可靠性要求即可。

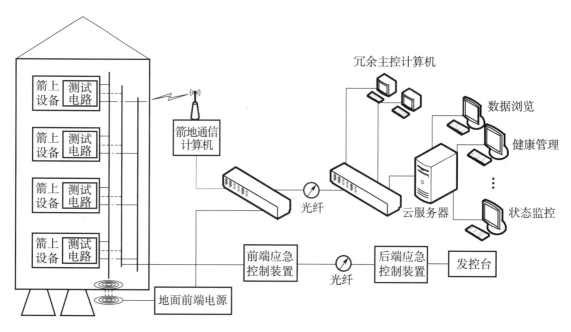

图 3-3　发射场地面测发系统架构图

3.1.2　运载火箭"机能增强"需求

为适应未来载人深空探测、航班化大规模进出空间、长时间在轨机动工作等应用场景需求，下一代运载火箭应是具备"智能飞、自动测、会演化"能力特征的运载火箭，具有"强适应、高自主、自学习"的特点。其中，强适应是指"任务强适应、不确定性强适应与异常情况强适应"，实现火箭的"智能飞";高自主是指"无人值守、自主发射",实现火箭的"自主测";自学习是指"自主学习、快速迭代",实现火箭的"会演化"。

上述能力实现需要通过先进敏感设备实现火箭本体与环境信息感知,为任务提供实时全面真实的信息资源;通过 Gbps 级别的航天高速网络总线实现数据的快速传递,为信息融合、健康管理、任务迁移等技术应用提供数据传输服务;通过高算力计算与大容量存储设备,为智能技术应用提供充足的算力与存储支撑;通过自主能源管理系统,实现全箭能源的精细化、冗余化管理,为智能决策结果的执行提供充足驱动能力;通过智能信息支持与测发系统,实现火箭安全测试与发射。从而全面增强运载火箭机能,使其能够应对测试发射与飞行过程中的异常工况。

3.2　多源信息获取

智能飞行控制系统的实现依赖于敏感设备获取的火箭自身信息和空间环境信息,包括信息的真实性和全面性。信息的真实性主要通过敏感设备的可靠性保证,例如冗余设计;信息的全面性主要通过多种不同的敏感设备获得多源信息,包括运行、力学、热学等信息。这些信息为智能控制系统提供充足的数据支撑,为控制决策提供信息基础。随着传感器技术发展,涌现了一批新型感知器件,为智能控制系统提供了更加丰富全面的信息。智能控制系统的敏感设备包括智能惯性器件、智能探测器件。

3.2.1　智能惯性器件

智能惯性器件是多源信息获取的关键组成部分,是惯性导航系统的核心部件。智能飞行控制过程中利用惯性器件实现火箭速度、位置、姿态的感知,其性能优劣直接影响火箭的控制精度。惯性器件"机能增强"主要表现在更高精度、更高可靠性及更高自主性,支撑智能飞行控制系统智能姿态控制、智能规划与决策等智能技术的实现。

3.2.1.1　惯性器件现状与发展

在传统的陀螺仪领域，液浮陀螺仪在高精度领域有着重要地位。虽然当前液浮陀螺仪的研究热度没有上升的趋势，但仍然存在一些相关液浮陀螺仪的研究，例如将液浮陀螺仪与磁悬浮技术相结合就是近些年比较热门的研究方向。静电陀螺仪经过几十年的发展，技术上已经十分成熟，虽然其发展空间较小，但是其在高精度领域有不可替代的地位，目前仅需要在保证精度的基础上尽可能节省成本。动力调谐陀螺仪的相关研究非常少，另外在成本与精度上与光纤陀螺仪比较都没有优势，基本被光纤陀螺仪所取代，所以暂时发展空间较小。

两光陀螺仪（激光陀螺仪和光纤陀螺仪）和 MEMS 陀螺仪是当前应用的主流产品。激光陀螺仪仍然有一定的发展空间，近年来许多学者针对激光陀螺仪的机械抖动现象进行研究与分析，这也意味着激光陀螺仪的精度仍然有提升空间；光纤陀螺仪仍是近些年较热门的研究方向，温度是影响光纤陀螺仪性能的一个主要因素，在未来几年还会向更高精度、更低成本、更小体积、更可靠的方向发展；MEMS 陀螺仪作为目前导航领域的研究热点之一，仍然存在许多问题没有解决，主要是陀螺的漂移误差仍然较大，受精度限制应用的领域仍然有限，所以如何通过改变结构等方式提升陀螺仪的精度使得 MEMS 陀螺仪应用范围更加广泛是未来发展的一个重要方向。

在新型陀螺仪方面，国内外的研究快速发展，半球谐振陀螺是一种新型惯导级固体陀螺，它利用振动驻波进动效应来敏感载体的运动，目前国外主要用于航天等领域，是惯导系统一种新的技术途径。其主要特色是长寿命、长稳定期、高可靠性和高精度。目前我国半球谐振陀螺仪的研究也已经进入了应用阶段。随着科技的不断进步，近些年来渐渐出现了第四代新型陀螺仪，包括量子陀螺仪、超流体陀螺仪、核磁共振陀螺仪等等，其中量子陀螺仪更是受到了世界范围内的广泛关注。量子陀螺仪的原理是原子的 Sagnac 效应，这与第二代陀螺仪的基本原理相似，如果技术达到成熟，其精度理论上可以比传统惯性导航高几个数量级，经试验表明，目前量子陀螺仪的漂移误差已经小于目前最好的传统陀螺仪。原子陀螺目前整体上还处于实验研究和初步工程化探索阶段，尚未形成大规模产业化应用。原子惯性传感器的实现主要有以下两种方法：原子干涉法和原子自旋操控法。利用原子干涉，我们可以制造原子干涉陀螺仪、原子加速度计、原子重力/梯度仪等设备；利用原子自旋操控，我们可以实现原子自旋陀螺仪。目前攻关的原子陀螺仪主要分为三个方向，分别为核磁共振原子陀螺、无自旋交换弛豫原子陀螺（Spin – exchange – relaxation – free，SERF）以及冷原子干涉陀螺仪。基于原子干涉仪已经彰显的性能优势，美国国防高级研究计划局（DARPA）于 2003 年启动了"精确惯性导航系统（Precision Inertial Navigation System，PINS）"计划，将冷原子惯性传感器视为下一代自主惯性导航技术。2003 年欧洲空间局（ESA）制定了"空间高精度原子干涉测量技术（Hyper precision cold atom interferometry in space，HYPER）"计划，该计划旨在利用原子干涉技术进行爱因斯坦广义相对论的验证，并同时利用原子惯性技术进行空间飞行器的导航。在国内，冷原子惯性传感器正沿着导航的应用发展方向，从实验室逐步转向实用化。

3.2.1.2　智能惯性器件能力特征

（1）小型化、集成化与精确化

小型化、集成化与精确化的惯性器件具有广泛的应用需求，已经在体积、精度、稳定性、功耗等方面取得了长足进步，并且在航空航天领域得到了大量应用。因此，小型化、集成化与精确化是智能惯性器件重要发展趋势，也是智能惯性器件最重要的能力特征之一。

（2）感存算一体化

面对未来运载火箭对智能信息处理系统高算力、低功耗的应用需求，当前"冯·诺依曼"体系架构下的"存储墙"与"功耗墙"问题严重制约着算力和能效提升。布局近存计算、存内计算等"非冯·诺依曼"计算技术，是提高智能惯性器件能力的重要途径之一。即融合计算与存储功能的新型计算技术，将敏感器件、计算单元和存储单元集成在同一芯片中，在存储单元内完成运算，让存储单元具备计算能力，以缩短数据与计算间距离的方式降低数据移动的延迟与能耗，增强未来运载火箭的高能效信息感知与计算能力。

（3）惯性器件自对准技术

在惯性系统进入导航工作状态前，必须将计算基准坐标系调整到相应的导航基准坐标系，即导航坐标系。这个调整的过程即为惯性导航系统的初始对准。惯性器件自对准技术是仅通过惯性器件对当地地理信息的测量即可完成自主的初始对准。早期的运载火箭主要的初始对准方式还是光学瞄准方式，需要耗费大量的人力、物力和财力才能够完成初始对准。随着火箭用惯性器件的精度以及智能化需求提升，惯性器件自主初始对准功能已经成为了重要能力之一。

（4）惯性器件自标定技术

惯性器件工具误差系数标定的准确性是保证火箭飞行导航精度的重要因素，惯性器件的标定能力显得尤为重要。传统的惯性器件标定需要在固定的环境下，采用精密的设备辅助才能够完成。自标定指的是惯性器件通过自身框架翻转辅以最优估计的方式完成自主标定，在当前火箭智能化水平提升的牵引下，自标定能力逐渐成为了智能惯性器件的必备能力。目前，提高惯性系统使用精度的方法一般来说有如下三种：一是不断提高惯性器件（陀螺仪及加速度计）的精度，从而保证平台系统误差最小；二是建立误差模型，采用简单、实用的测试方法，分离辨识出多项误差系数，将辨识出的各项误差系数提供给系统进行误差补偿，提高使用精度；三是实现误差系数的射前一次通电自标定，在实际使用环境下在线分离出各项误差系数，在箭上实时进行补偿，提高系统的使用精度。

（5）惯性器件温补技术

惯导系统的温度效应误差是目前制约纯惯性精度提高的瓶颈问题。环境温度改变会引起惯性仪表标度因数、零偏和安装误差等参数发生变化，若不采取措施，而只采用初始标定参数，将导致角速度与比力测量值与真实值之间产生差异，最终代入导航方程解算时将转化为导航误差输出。温度控制通过建立稳定、均匀的温度场，使惯性仪表免受外界环境温度变化的影响。但实现过程中需要较多硬件支持，结构复杂，特别是需要长时预热而增加了启动时间。温补技术则是一种基于数学建模的方法，通过温度试验激励并辨识温度效应误差，利用误差与温度之间的规律性和重复性，建立两者相关模型，并在系统输出中予以扣除。此类方法只需布置少量的测温传感器，建模过程始终贴近系统最终应用环境，可以达到准确性、快速性和经济性的统一，是一种提高惯导系统使用精度的有效途径。

（6）惯导旋转调制技术

旋转式捷联惯性导航系统是建立在捷联惯性导航系统理论基础之上的，通过对 IMU 的旋转，达到对器件误差进行周期调制的作用。旋转调制是在器件测量误差难以提升的情况下，提升惯性导航精度的有效手段之一。围绕精度提高这一主题，众多学者开展了大量研究，从系统标定到对准导航算法设计、从软件设计到硬件优化、从单表到系统级补偿等方面的成果均不同程度地提高了捷联惯性导航系统的应用精度。旋转调制即是一种能够大幅提高捷联惯导导航精度的系统级技术。

（7）冗余构型设计

运载器每一次发射都会产生巨大的社会经济效益，保证运载器可靠飞行并准确入轨是保证单次任务成功以及后续发射顺利进行的一项重要内容。保证运载器可靠飞行并准确入轨的手段有多种，其中之一是实行惯性器件冗余。针对惯性器件出现故障影响入轨精度甚至飞行可靠性的问题，通过冗余设计，检测用于飞行控制的惯性器件是否出现故障，在检测出故障时，决策进行信息重构，从而采用正确的信息进行后续飞行控制。

在惯性器件冗余中，最常用的冗余体制从结构形式上一般分为单表级和整机级两类。单表级冗余是指在单套惯性器件内对单个惯性仪表如陀螺、加速度计进行冗余设计，具体的构型有 4 个单自由度陀螺＋4 个加速度计、5 个单自由度陀螺＋5 个加速度计、6 个单自由度陀螺＋6 个加速度计、3 个双自由度陀螺＋4 个加速度计等形式。整机级冗余是指采用数套惯性器件组合的方式进行冗余，具体的构型有 2 套惯性器件或 3 套惯性器件等冗余配置方式，形成如"捷联＋捷联""捷联＋平台""平台＋平台"等形式。

整机级冗余和单表级冗余各有优缺点。整机级冗余会带来更高的可靠性和控制的灵活性，容易消除单台惯性器件内部的单点、单线等薄弱环节，能充分挖掘惯性仪表的可靠性潜力，便于实现不同类型信息的综合利用，但与此同时整机级冗余又有设计、测试、维修相对复杂，投资大、周期长的缺点。与整机级冗余相比，单表级冗余具有局部冗余可靠性提高明显，易实现、易维修、灵活、方便、投资少、周期短的优点。

3.2.1.3　智能惯性器件应用与实践

（1）惯性器件自对准技术的应用与实践

20 世纪 60 年代，国内外相关工作者就已经对初始对准技术开展了相关理论的初步研究。在 90 年代中期前，国际上相关问题的理论研究主要专注于初始对准误差模型建立与实现、分段定常系统的可观测性分析理论、非线性 Kalman 滤波方法最优估计理论和提高大失准角估计精度的非线性滤波方法等。国内初始对准研究晚于国外，80 年代才开始相关初始对准理论的研究，90 年代中期以后，初始对准研究开始逐渐增多。近年来国内航天惯性器件的自对准技术获得了长足的进步，当前自对准所使用的惯性器件主要为带有转动框架的三自惯组以及惯性平台，通过多位置调制的方式，惯组自对准精度实现了飞速提升；另一方面，惯性平台的多位置自对准时间目前已缩短至 8 min；激光捷联惯组晃动基座对准时间可缩短至 5 min 以内。基本摆脱了传统的光学瞄准方式，极大地简化了航天运载器的发射流程复杂性以及快速发射能力。

（2）自标定技术的应用与实践

美国的 MX 装备平台系统在常备热待机状态下采用连续翻滚方法进行不间断自标定，标定参数达到 86 项，民兵 III 等装备也采用类似的自标定技术；俄罗斯的"白杨系列"装备采用射前自标定技术，分离误差系数多达 70 余项。迄今为止，美国和俄罗斯在惯性仪表和系统的误差系数自标定和补偿方面已形成了较为完善和规范的体系。在惯性测试技术领域，特别是在误差系数标定方法的研究上，与国外先进技术相比，国内相关工作起步较晚，存在相当大的差距。由于受到我国整体工业水平和工艺水平的限制，靠不断研制和生产出更高精度的惯性器件来缩小与国外先进水平的差距难度非常大。近年来，我国惯性器件自标定技术飞速发展，取得了显著的成果，惯性器件自标定技术被广泛应用于各类航天飞行器中，标定环境已经能够适应车载、舰载系泊等动基座环境，标定时间也从小时级别缩减至半小时内，可标定误差系数的百分比也得到了大幅提升。

（3）温补技术的应用与实践

为了能够在宽温度范围、大幅度温度跳变条件下也能准确补偿光纤陀螺仪温漂误差，具有宽范围拟合能力的最小二乘法进入了国内外科研工作的研究范畴。最小二乘法可以准确地复现所要拟合曲线的主要趋势，即使大范围的拟合也不会出现较大的偏差。因此，最小二乘法广泛地应用于补偿光纤陀螺仪温漂误差。另一方面，神经网络以其处理随机数据能力强、容错能力强、具备处理复杂非线性参数的能力，可反映任意复杂的非线性关系以及易于计算机实现等优点，被用于实际的非线性数据处理过程中。神经网络利用敏感温度点的光纤环温度与光纤陀螺仪温漂误差，经过多次训练逐步建立起光纤陀螺仪温漂误差估计模型，最终实现精确地、快速地补偿光纤陀螺仪温度漂移的目的。神经网络具备处理非线性较大的随机数据的能力，网络模型不完全依赖于精准模型。

随着光学惯组在线温补技术的推广和应用，当前我国光学惯组的使用精度获得了显著提升，已经达到了 $0.001°/h$ 量级，另外惯组的启动时间也大幅缩减，目前已经可以实现秒级的快速启动。

（4）旋转调制技术的应用与实践

利用旋转对惯性仪表固有漂移进行自动补偿的基本思想和实际应用在 20 世纪 50 年代就已经存在，最初主要用于平台陀螺仪误差自动补偿。在工程实现上，一般通过对惯性仪表附加机械运动，将惯性仪表漂移由单调变化调制为有限幅值的周期性函数，由此提高惯性仪表的使用精度。20 世纪 80 年代，随着捷联式惯导的推广应用，旋转调制作为一项系统级的误差抑制技术得到了广泛研究和较为成熟的工程应用。如 Litton 公司的 PL－41/MK4 型旋转惯性导航系统是为了满足潜艇导航的需求而研制，Sperry 的 MK49 被选作为北约船用惯导的标准系统等。目前我国的旋转调制惯组也广泛应用于航海和航空领域，在航天领域也逐渐开始应用。

（5）冗余技术的应用与实践

惯性系统冗余技术在国内外均为常见的可靠性提升方案，国外主流大型运载火箭美国的 Ares、俄罗斯的质子号均采用三冗余的配置。除了多机冗余的配置，考虑到控制系统对惯性测量装置的重量要求，某些场合只允许安装一套冗余惯组；从系统重构的角度出发，采用单惯组多表冗余方案，比如远征上面级与半人马座上面级采用单机 5 个陀螺和 5 个加表的配置，5 表不共线的设计可以定位一度故障、判定二度故障。

当前，我国的运载火箭惯组开始逐步推广新型十表冗余惯组，该惯组由 5 个陀螺仪和 5 个加速度计组成（其中有 2 个加速度计和 2 个陀螺仪斜置），该冗余技术在减少器件数量的基础上可最大程度地实现多种冗余功能；另一方面，十表冗余惯组还可以通过信息融合计算提升系统级测量精度。该技术已经应用在多个运载火箭中，目前已经趋于成熟。

（6）微系统技术的应用与实践

在一个通用平台上，采用整体式微机械加工技术制造了一个平面内加速度计和 Z 轴陀螺仪系统。每一个传感器都是使用先前开发的单轴惯性传感器优化工艺制造的。同时，在同一基板上制造可折叠结构，将整个系统组装成三维系统，提供沿多个独立轴进行惯性测量所需的空间方向。折叠结构包括一个 SOI 基板，每个侧壁上包含一个传感器，以及柔性铰链和电信号互连金属线。组装完成后，整个封装的体积小于 1 cm^3，占地面积小于 1 cm^2，因此可以安装在单个芯片上。

为实现折叠 MEMS 结构，必须考虑几个关键点的设计。侧壁必须能够容易折叠到位，而不会损坏铰链或设备的其他部件。组装后，必须保持结构刚度，以尽量减少传感器的错位。任何对准误差的产生都会导致输出信号产生偏差，从而产生不希望检测到的信息。每个侧壁上还必须提供电信号互连，以便与传感器实现通信。金属线的排布也必须预先考虑，以尽量减少阻抗、寄生电容和相邻信号之间的电气串扰。图 3-4 给出了立方体惯性导航系统设计示例，显示了制造所需的设计组件。

3.2.2　智能探测器件

空间碎片是火箭空间飞行过程中最大的危险源。空间碎片往往尺寸很小；另外，空间碎片和探测器载体之间较大的相对速度使得空间碎片在探测器视场

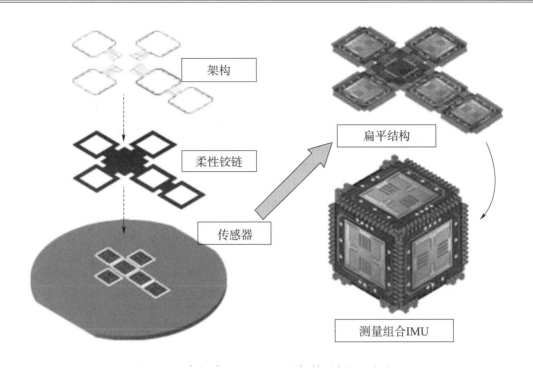

图 3-4　折叠 MEMS 结构的概念图

中有效驻留时间很短，这些因素使得对空间碎片进行探测面临很大困难。按照前述，使用可见光和红外探测器可以实现空间碎片目标的探测。

3.2.2.1　探测器现状与发展

红外探测器经过了几个发展历程，刚出现时主要是线列和小面阵结构，且规模很小；后来发展为扫描型和凝视型焦平面结构且像元规模也不大，主要应用在对空格斗平台上；目前第三代以凝视型为主，像元规模可达 106，且应用已拓展到森林防火、气象监测、体温检测、天文观测等商用和民用领域。国外红外探测研究发展极为迅速，进入 21 世纪，以美国的 DRS 公司、Raytheon 公司，欧洲的 Sofradir 公司、SELEX 公司为代表，在碲镉贡材料探测器研发方面，陆续推出多种高性能、低成本产品型谱，目前正向小体积、低功耗、更大规模阵列和更高灵敏度等方向快速发展。

国内红外探测器相关厂家经过多年关键技术攻关，在用户使用过程中不断根据实际使用情况开展改进，目前已推出若干款满足用户需求的红外探测器。

　　等效噪声温差（Noise - Equivalent Temperature Difference，NETD）和像元规模是探测器最重要的两个指标，通常制冷型探测器的 NETD 明显优于非制冷探测器，NETD 越小，探测距离和温度分辨能力就越强。此外，视场一定的条件下，像元规模越大，像素分辨率越高。

　　可见光 CCD 探测器目前应用极为广泛，20 世纪 90 年代初，美国福特航空航天公司就研制出 1 600 万规模的 CCD 探测器。1982 年，采用 6 000 像元 CCD 相机的法国 SPOT 卫星入轨，标志可见光对地观测进入实用阶段。目前，小型、轻量、大面阵、高品质成为国内外 CCD 探测器的发展趋势。

3.2.2.2　智能探测器能力特征

　　对于未来智能成像系统，光学探测器需要具备如下三种能力。

　　（1）更多波段、谱段的复合探测感知能力及片上智能处理能力

　　空间碎片和探测器载体之间较大的相对速度及火箭反应时间的限制使得必须在较远距离就能探测感知它，但空间碎片的辐射、反射能量仅依靠太阳光能量，且远距离空间碎片的能量往往很低，再加上空间碎片的尺寸较小，因此，在探测器视场中空间碎片呈弱小目标状态，在地球背景下空间碎片自身特征更会进一步减弱。以上这些因素使得单一光学、雷达探测手段几乎无法可靠检测空间碎片，而利用空间碎片表面物质在不同波段、谱段的光学、雷达特性差异则会给探测提供更多信息，充分利用这些信息能大大提高其检测能力，因此，箭上探测器需具备更强的多波段、谱段复合探测感知能力和对这些信息融合处理的更强的片上智能化处理能力。

　　（2）以更低的功耗、更小的体积、更高的灵敏度为特征的高集成度产品

　　传统的探测器通常由感知、存储、信息处理单元组成，其分离的硬件结构带来的信号延迟、高功耗及信号传输损耗会严重影响整体效率，而箭上的空间资源和动力资源都极其有限。因此，箭上探测器需具备更高的集成度。

　　（3）更强的在线冗余重构能力

　　箭上设备在设计时，有一个必须考虑的因素，即内部有大量集成电路的器件会受到空间高能粒子的影响从而产生辐射效应，导致器件电学参数变化、性能下降、功能异常甚至失效。因此，探测器在进行防辐射设计的同时，还应具

备更强的在线冗余重构能力来提高探测器在强辐射下的工作可靠性。

近年，神经形态视觉传感器、感存算一体技术、自适应快速单光子成像技术和多维光学探测等是探测器发展的几个很好方向。其中，神经形态视觉传感器模拟人类视觉形态的结构和信息处理机制，具有时域分辨率高的优势，在涉及高速运动和极端光照场景下有着巨大的应用潜力；感存算一体技术将感知、存储、信息处理单元高效集成，凭借光电忆阻器等可有效避免硬件分离带来的延迟大、功耗高及信号传输损耗的问题；自适应快速单光子成像技术，较传统单光子探测技术，实现了高可靠、大视场、高精度、远距离、高动态、去模糊的快速三维成像；多维光学探测通过探知多维光学在不同目标上的成像波段、谱段规律，开展了多种光谱偏振等成像体制研究，通过多谱段、多波段及偏振态信息并融合智能技术可获取多种构型模式的多维光学探测信息。

3.2.2.3　智能探测器应用与实践

（1）神经形态视觉传感器

神经形态视觉是神经科学和信息科学的交叉学科，是模拟人类视觉形态的结构和信息处理机制。神经形态视觉传感器是以生理学、神经科学等领域对生物视网膜结构与功能机理的研究为基础，是在生物视觉神经结构和机理的研究基础上建立的一种视觉表达新体系。

神经形态视觉传感器时域分辨率高，使其在机器视觉、工业检测等领域，尤其是涉及高速运动和极端光照场景下有着巨大的应用潜力。

近年来，神经形态视觉传感器快速发展，不同的研究团队针对不同的应用场景提出了丰富的视觉采样模型，如差分型采样模型有 DVS、DAVIS 等；积分型采样模型有 Vidar 等。

神经形态视觉传感器由于输出的信号为离散的异步脉冲数据流，可非常便利地与脉冲神经网络进行数据交互，建立端到端的深度神经网络，进而实现弱小、快速目标的高速检测、识别与跟踪。

传统的目标识别方法大多依赖于目标的空间特征，如空间轮廓、纹理等。受限于传统视觉传感器低帧频与现有算法逐帧处理等特性，传统的信息处理方法难以充分利用目标的时域特征，这使得算法的速度与精度受到限制。基于神经形态视觉传感器可记录目标和场景辐射及反射的能量随时间的连续变化，具备高时域分辨率，同时结合脉冲神经网络的信号及信息处理方法，能够提取和融合目标及场景的静态特征与动态特征，更好地实现个体与群体弱小目标的快速准确的探测识别。

（2）感存算一体技术

目前广泛应用的机器视觉形态主要由传感器、存储器件和处理单元组成，各部分相互分离，这种物理分离容易造成速度瓶颈和功耗浪费，也难以对非结构化数据进行深度处理。感存算一体化架构凭借光电忆阻器等可有效避免硬件分离带来的延迟大、功耗高及信号传输损耗的问题，可为构建神经形态视觉系统提供理想的硬件基础。受神经形态视觉系统和忆阻器的类突触功能的启发，研究人员将光电传感器和忆阻器集成为视觉感存算一体化形态，为光电探测、存储、计算和识别跟踪提供了一种全新思路。

忆阻器是继电阻、电容、电感之后的第 4 种基本电子元件，其具有电阻值连续可调的记忆特性，与大脑认知的突触可塑性功能高度相似。相比于传统的电子元件，忆阻器具有自主学习的能力，是发展类脑神经形态、构建其硬件单元的理想选择。同时，忆阻器具有读写速度快、运行功耗低、集成密度高等优势，使其在逻辑运算、信息存储、类脑计算等领域展现出巨大的应用潜力。

在视觉感存算技术的发展历程中，大量研究人员投入到光学忆阻材料、器件、阵列等方面，取得了丰富的成果，实现了诸如对彩色和混色光学信息的感知、存储以及简单的预处理功能；适应紫外光和深红色光双模操作，在识别和记忆的基础上实现对于不同刺激进行短期记忆和长期记忆等功能；实现了超灵敏人工视觉阵列预处理并降噪，完成超低功耗弱光检测、图像感应和存储、视觉识别等功能。

目前基于忆阻器的感存算一体化技术仍然处于发展初期，在材料选择、架构设计和感官模拟等方面均需开展大量工作。尽管如此，感存算一体化系统由于其能够更加准确地模拟生物，尤其是人类对外界信息的处理过程，已经在逻辑运算、神经形态视觉和类脑功能模拟等方面展现出良好的应用前景。

（3）自适应快速单光子成像

自适应快速单光子成像探测技术是主动激光雷达探测体制下的一种新型探测技术，满足了自适应精确距离选通和高速平台适应性等应用需求。该技术可利用光相控阵波束调控技术、单光子探测技术及自适应（动态）距离选通等技术实现对远距离弱小非合作动、静目标的无模糊快速三维成像。通过光相控阵发射可调控波束激光，单光子快速高灵敏接收目标对激光的回波，以及距离选通技术对波门自适应选通控制完成对目标的三维成像，以达到探测为目的的新技术。该技术结合了光相控阵发射模块无惯性波束调控、快速扫描及多波束发射、单光子探测模块单光子响应、高灵敏度及大面阵凝视快速成像以及自适应距离选通波门控制技术对后向散射抑制、动目标探测去模糊、景深自适应调节及技术路线成熟的优势，克服了传统单光子探测方法成像可靠性差、成像视场小、探测精度低、噪声影响大以及动目标模糊无法对动目标实时探测的缺点，实现了高可靠、大视场、高精度、远距离、高动态、去模糊的快速三维成像。

当前，激光面阵三维成像技术，已成为对远距离目标进行高精度三维探测的最有发展前景的技术。激光面阵三维成像技术分为直接三维成像和间接三维成像两种形式（图 3-5），主要有五种主流方法，分别是基于线性模式雪崩光电二极管阵列（LM-APDs）探测器的脉冲激光三维成像系统、基于盖革模式雪崩光电二极管阵列（GM-APDs）探测器的三维成像系统、基于脉冲激光增益调制技术的激光三维成像系统、基于连续激光调频/鉴相技术的三维成像系统以及基于脉冲光偏振调制技术的三维成像系统。

自适应快速单光子成像技术综合了上述激光面阵凝视成像技术的优点，同时克服了上述技术路线的缺点，是目前比较有前景的激光凝视三维成像技术。该技术可以进行单光子探测，直接将光信号转换为电信号，实现"光子—数字"转换，同时，其具有光子计时、光子计数探测特性，能测量激光脉冲飞行时间和回波光子数量，实时高速获取目标场景的多维特征信息，从而重构出场景三维距离像和强度像，提高对复杂环境、干扰源及弱小目标的探测识别能力，突破远距离、低信噪比及稀疏光子探测瓶颈问题，实现光电探测的跨越式发展。

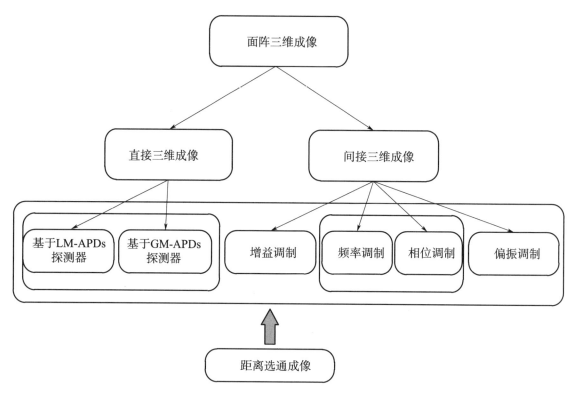

图 3-5　激光面阵三维成像技术分类

美国在单光子激光成像雷达技术方面处于世界领先水平，已经开展了车载、机载等多机动平台试验验证，证实了该项技术利用高分辨三维距离像，能够滤除树叶等杂波干扰，提取遮掩目标三维距离像，能够解决避障、穿透成像、高精度识别等问题，成为高分辨三维成像的最具潜力技术方案。

（4）多维光学探测

相比可见光或红外成像，含有不同谱段、不同偏振方向的多维光学可以得到更多信息，对于目标识别具有更大的优势，也会为空间碎片目标探测识别提供重要的新的技术支持。

国外开展了多种光谱偏振成像体制研究，2010 年 9 月起搭载在 NASA 的 ER-2 航天平台的多角度、多光谱偏振遥感探测仪器（The Airborne Multiangle Spectro Polarimetric Imager，AirMSPI），共有 8 个光谱观测波段及多个方向的偏振测量，用于分析云与气溶胶的理化特性和空间特征，以及地球的水热循环系统。

中科院长春光机所研制了我国首颗"碳卫星"载荷，多谱段云与气溶胶探测仪（Cloud and Aerosol Polarization Imager，CAPI）具有多个光谱波段及多个方向的偏振测量，可通过线阵推扫成像技术对目标实现多角度观测。

近年，有学者研究通过组合不同谱段、不同偏振方向以及不同视场，通过智能学习得到优化的、以任务为需求自主动态进行构型切换的多维光学探测系统。

（5）高度传感器

高度表为主动测高敏感器，其通过测量发射电磁波和接收回波的时间间隔实现相对高度测量，为运载火箭垂直回收提供高程数据支撑。高度表工作时，探测波束覆盖箭下点，并通过高度提取算法实现箭下点相对高度测量，确保测高精度。

为了确认高度表收发天线波束覆盖箭下点，将天线布局在火箭尾部，如图3-6所示。由于火箭尾部布局了喷管等部件，需要合理布局收发天线，确保探测波束不被遮挡。

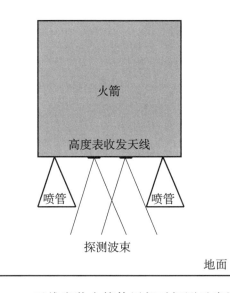

图 3-6　天线安装在箭体尾部时探测示意图

根据测高范围和测高精度需求，高度表选用连续波调频体制，天线采用收发分开的形式。为兼顾大范围测高和超低空高精度测高要求，高度表采取分段测高模式，对不同高度段设置不同的工作参数（如调频斜率、调频带宽等）。

高高度时由于回波延时大，同时精度要求低，采取小带宽调频信号，可保证接收机带宽；低高度时测高精度要求高，采取大带宽调频信号，从而兼容测高范围及测高精度。

无线电高度表系统框图如图 3-7 所示，数字信号处理器控制频率源产生调频探测信号，经放大、上变频再功率放大后通过发射天线辐射出去；探测信号经地/海面反射后，回波由接收天线送接收机进行全去斜接收、高速采集后进行频域的分析处理，实现高度解算和跟踪。高度表由数字信号处理器、频率源、ADC 采样、微波发射链路、接收链路、发射天线、接收天线等部组件组成。数字信号处理器需要按照控制系统指令完成高度表测高功能和测量功能，其中信号处理流程上需要完成回波信号的采样、回波分析、高度搜索、跟踪滤波、时序控制、数据存储、通信控制等功能。

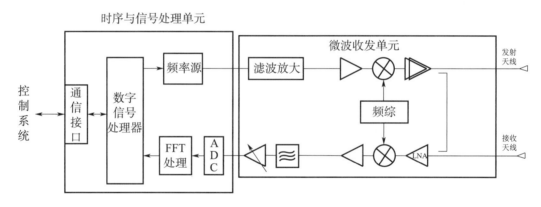

图 3-7　无线电高度表系统框图

3.3　高速信息传输

通过敏感设备获取真实全面的信息后，需要将这些信息快速传递到数据处理单元，通过智能算法进行智能决策；此外，当智能飞行控制系统某一数据处理单元故障时需要将任务快速迁移到另一数据处理单元，为减小对飞行的影响，需要实现任务相关的代码、数据快速传输，因此需要高速总线为传输提供"高速公路"，为智能控制系统提供底层快速交互基础。

3.3.1 高速总线现状与发展

数据总线技术是航天电气系统综合化的关键技术，它为航天装备各系统与设备之间的信息交互提供实时、高可靠的通信链路。数据总线作为控制系统的"神经中枢"，其性能直接关系着整个航天装备的性能及完成任务的能力。随着航天装备应用任务领域的不断扩展，电气系统功能不断增加，工作模式越来越复杂，数据量越来越大，实时性要求越来越高，对电气系统总线的带宽、实时性、可靠性、智能化水平提出了新的需求。

航天装备的电气系统总线经历了如下3个发展阶段。

（1）基于控制信号直连和点对点的非总线式阶段

在1975年以前，航天装备主要是用不同的电子器件完成相对简单的功能，装备的性能和可靠性主要取决于高性能电子器件，各系统与设备之间相互独立，大多采用控制信号直连或者硬件直控的方式实现系统间不同设备的交互，尚未形成完备的总线概念。1969年，美国电子工业协会（Electronic Industries Association，EIA）制定了RS232物理接口标准，可实现短距离的点到点低速通信。

（2）基于串行总线的总线式阶段

从1975年至1990年，航天装备功能逐渐复杂，出现了初步的集成趋势，以相互独立的电气和电子系统完成比较复杂的功能。美国电子工业协会分别在1977年和1983年提出了RS-422和RS-485标准，在RS-232基础上采用差分传输方式，改善了总线抗干扰能力，提高了传输距离和传输速率，RS-422和RS485总线接口作为多点、差分数据传输的电气规范，现已成为业界应用较为广泛的标准通信接口之一。美国汽车工程师学会（Society of Automotive Engineers，SAE）在1978年公布了MIL-STD-1553B总线标准，全称为数字式时分制指令/响应式多路传输数据总线，并在1986年进行了修改和弥补，我国与之对应的标准是GJB 289A-97，该总线采取冗余的总线型拓扑结构，传输数据率可达1 Mbit/s，足以满足当时航天装备的需求。

（3）基于新型总线的交换式阶段

从 1990 年至今，航天装备发展到高度集成与标准模块化阶段，主要趋势是由专用接口定义向标准化接口定义发展；由电子设备简单融合，向系统顶层优化、系统集成发展；由分散设计向自上而下的一体化设计发展。美国国家标准化协会（American National Standard Institute，ANSI）于 1988 年提出了基于光纤通道（Fiber Channel，FC）的高速串行传输总线，我国与之对应的标准是 GJB6410 和 GJB6411，该总线采用冗余通道，支持点对点、交换网、仲裁环 3 种拓扑架构，支持光纤和高速电缆两种传输介质。此外，由 TTTech 公司开发的时间触发以太网（Time Triggered Ethernet，TTE）于 2016 年通过了美国汽车工程师学会的标准化认证，形成了 AS6802 标准，这是一种基于 IEEE802.3 以太网的工业领域的实时通信网络，具备高等级的安全性、可靠性及确定性，支持 100 Mbit/s 和 1 000 Mbit/s。

目前，基于光纤通道和实时以太网的交换式高速总线，已经广泛应用于国内外航空航天领域，是新一代航天装备电气系统总线的发展趋势。

3.3.2　智能化总线能力特征

未来航天装备需要更快的响应速度、更强的机动性，以及装备无人化和高度智能化。因此未来航天装备对电气系统总线的要求除了传统的可靠性、精度等指标外，还具有以下特征：

1）高带宽：随着电气系统功能和集成度的增加，总线网络中连接设备增多，高密度的控制指令、大数据量的图像及视频数据传输在电气系统通信网络中所占比例大幅度增加，这要求通信总线具有较高的传输速率。未来航天电气系统的总线带宽至少应能支持 1 Gbit/s 以上的传输速率，同时应具备扩展与升级能力。

2）强实时性：面对世界各国正在加紧研发的新型装备，其特征为运动速度快、执行任务时间短，对其电气系统实时性提出更高要求，对于不能离线确定的消息延时，也要求在运行中的延迟是可预测和可控制的。

3）高可靠性：航天装备具有可靠性要求高的特点，同样也体现在对电气系统总线的可靠性要求上，某个节点的故障不能影响整个网络的正常通信，总线网络系统应具有单点故障容错能力，并可以通过多通道冗余提供更强的容错能力。为避免单节点故障导致的系统瘫痪，系统需具有隔离故障节点的能力，防止故障在系统中的蔓延扩散，同时系统具有一定的余度容错能力，保证其他节点的正常工作。

4）可拓展性：运载火箭的智能化程度，很大程度上取决于其获取信息、处理信息的能力，增加其获取信息的能力就需要在运载器上扩展相应的传感器，因此要求总线具有很强的扩展性，并且灵活、快速建立通信链路。

5）故障检测与恢复：故障检测与恢复是保证火箭可靠工作的重要手段，火箭智能控制下总线应当能够对自身状态进行实时监控，在系统异常时通过例如阈值门槛、输入输出监听、流量监测等方法及时诊断故障类型、定位并隔离故障源，必要时进行网络重构，恢复正常系统通信能力，保证任务的正常进行。

6）自主规划调度：智能总线应当具备自主进行消息规划调度的能力。在级间分离、在轨停泊等工作场景下，物理拓扑、消息类型、通信周期等网络重要组成部分均可能发生变化。因此，智能化总线应当在综合考虑电池电量、推进剂余量、计算机算力、相邻指令动作时空间约束等多种资源限制的情况下，根据当前工况和任务优先级进行自主消息规划调度。

3.3.3　智能化总线应用与实践

3.3.3.1　GLink 高速光纤总线

GLink 高速光纤总线是基于 FC－AE－1553 协议的强实时、命令响应式高速串行总线，具有高带宽、高可靠、强实时、易扩展等特点，其符合 GJB 6410《光纤通道》和 GJB 6411《光纤通道航空电子环境》，GLink 高速光纤总线由北京航天自动控制研究所全自主研发，目前已广泛应用于航天领域多型航天装备电气系统中。

GLink 高速光纤总线符合光纤通道（FC）协议，光纤通道协议是一种数据高速串行传输的协议，于 1988 年由美国国家标准协会（American National

Standards Institute，ANSI）开始制定，并进行实施和更新，是一个成熟的开放式标准簇，既具有通道的特点，又具有网络的特性，它为通道和网络数据通信提供了一个通信接口，标准的分层结构确保了光纤通道能够按照市场的需要增长，并且所采用的技术具有独立性。光纤通道协议共分为 5 层，分别是 FC - 0、FC - 1、FC - 2、FC - 3 和 FC - 4，如图 3 - 8 所示。

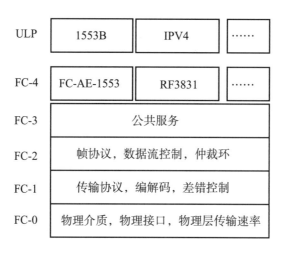

图 3 - 8　光纤通道协议层次模型结构

　　光纤通道协议的各个层次之间是相互独立的，每个层次都有各自的功能，具体定义如下：

　　1）FC - 0 层：物理层，规定了传输的物理介质、物理接口（发送机、接收机）以及物理层传输速率等。

　　2）FC - 1 层：传输协议层，完成了串行序列的编码、解码、错误监控及处理等。GLink 高速光纤总线在 FC - AE - 1553 协议的基础上增加了全局时钟同步功能，通过本层的原语序列对网络内所有终端设备进行周期性同步，在整个总线应用过程中时钟同步是通过硬件逻辑完成的，时钟同步精度可达纳秒级。

　　3）FC - 2 层：信令协议层，定义了光纤通道的帧结构格式、序列结构格式、不同节点间的信息交换管理、拓扑结构，此外，还定义了多种传输服务类型以及流量控制机制等。

　　4）FC - 3 层：定义了一组通用可选的公共通信服务，主要实现一对多的通信功能，例如组搜寻（Hunt Groups）和多播（Multicast）等。

5）FC - 4 层：协议映射层，规定了各种上层协议到 FC 协议的映射规则。由于光纤通道可以支持通道协议和网络协议这两种高层协议，所以经由本层的映射，光纤通道通信网络可以实现网络和通道两种信息的传输，还可以实现不同通道的混用。它是光纤通道标准中定义的最高等级，固定了光纤通道的底层跟高层协议（ULP）之间的映射关系以及与现行标准的应用接口，这里的现行标准包括现有的所有通道标准和网络协议。

GLink 高速光纤总线能够支撑运载火箭智能控制系统需求，具有如下特点。

（1）具有多种拓扑形式，支撑系统架构开放性

支持的基本网络拓扑结构有三种，分别是点对点（图 3 - 9）、星型拓扑（图 3 - 10）和环型拓扑（图 3 - 11），此外，支持由上述三种拓扑组合而成的混合拓扑，如图 3 - 12 所示。

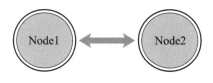

图 3 - 9　点对点拓扑

1）点对点拓扑：在两个设备间进行固定传输，能够保证通信的确定性和实时性，设备间发起的任务可以使用全部带宽，通信链路简单，具有较高的可靠性。

2）环型拓扑：是由两个以上的节点设备通过将它们的发射端和接收端依次连接起来形成一个环型结构，环上的节点共享同一带宽。

3）星型拓扑：星型拓扑是由多个节点设备与交换机相互连接起来形成一个以交换机为中心的星型结构的拓扑形式，它允许多个设备在同一时刻进行通信。

4）混合拓扑：可以将整个系统根据功能、特性不同，以及数据流传输的需要划分为多个分系统，采用不同的拓扑，然后进行混合，实现高性能和低成本的统一。可实现不同带宽设备及单个设备中不同模块之间的互联，从而实现电气系统总线的统一。

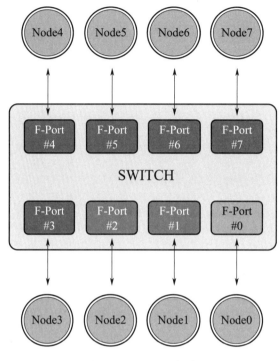

图 3-10　星型拓扑

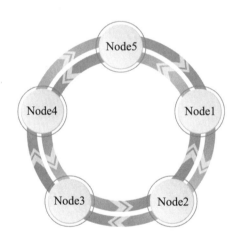

图 3-11　环型拓扑

　　运载火箭的信息接入、处理和执行需要利用异构多种类的传感器、计算机与执行器，并且上述设备在不断地扩充与发展。作为运载火箭的通信总线，需要实现设备间、级间、箭地间的数据交互，需要形成不同的控制域，并实现域内和域间的扩展。GLink 高速光纤总线支持不同的拓扑，可实现火箭通信体制从总线化（BUS）到网络化（NET）的转变，支撑了指挥火箭的系统开放性。

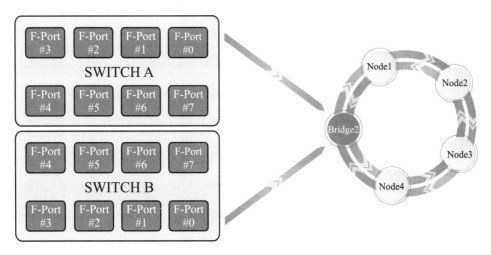

图 3－12　混合拓扑

（2）具有高带宽、低延时的特点，支撑系统架构云态化

由于运载火箭需要传输的信息量剧增，信息传输的模式多样，有一对一、一对多、多对一、多对多各种模式，需要弱化"主节点"或"BC 节点"，需要实现全双工、并发传输，单端口速率达到 Gbit/s 以上，总线内支持多端口并发传输，总线带宽可扩展，通信实现从"单车道"到"多车道"的转变。GLink 高速光纤总线实现了多端口并发传输、端口间全双工通信、全网时钟同步，满足运载火箭通信需求。

（3）具有准确、可靠、自主的特点，支撑系统架构高可靠

运载火箭的通信体制也需要智能化，智能化一方面体现在整个通信"自主化"，不需要耗费大量的计算资源从事信息流的管理与调配；另一方面体现在信息传输的主动故障隔离，单节点的故障不影响整个网络的故障，具备"故障隔离""数据隔离"的能力，也就是无需功能节点参与，通过交换节点对整个网络的数据具有管理及隔离的能力。GLink 高速光纤总线支持多路控制流和大数据流并发自主传输，支持大数据流自主流控、自主故障检测和自主续传，能够支撑运载火箭对通信体制的可靠和自主需求。

GLink 高速光纤总线已应用于多型航天装备电气系统，其具有易扩展等优点，适用于多级组成、复杂的航天装备。在多级航天装备中典型应用方案如图 3－13 所示，在设备外使用星型拓扑，设备内低速传输场景使用环型拓扑，同

时，将地面测试发射控制设备接入网络，实现全网一体化。

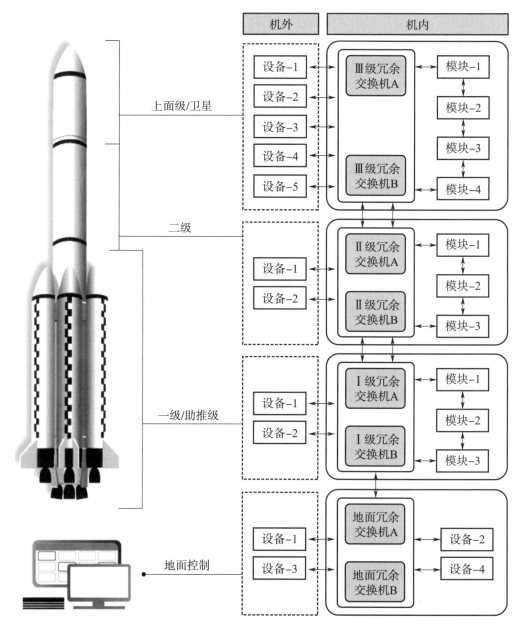

图 3-13　在多级航天装备 GLink 一体化网络典型应用示意图

3.3.3.2　TTE 总线

TTE 通信技术是一种基于"时间触发"的实时以太网解决方案，它在 IEEE802.3 通信协议的基础上增加了分布式时钟同步、时间触发通信、速率受限通信和可靠性保证技术，支持多种（单、双、多通道）通信方案，支持精确的系统诊断,具备故障隔离能力,能够满足混合安全关键系统的高实时通信需求。

TTE 协议层次结构与标准以太网的层次结构类似,如图 3 - 14 所示,各层功能及定义如下。

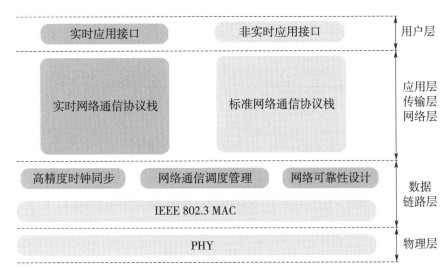

图 3 - 14 TTE 协议层次结构

（1）物理层

继承 IEEE 802.3 物理层协议,规定了传输的物理介质、物理接口（发送机、接收机）以及物理层传输速率,定义 100BaseTx、1000BaseT 等多个标准。

（2）数据链路层

数据链路层在物理层提供服务的基础上向网络层提供服务,主要作用是加强物理层传输原始比特流的功能,将物理层提供的可能出错的物理链接改造成逻辑上无差错的数据链路,解决封装成帧、透明传输、差错控制等基本问题。

除 IEEE 802.3 MAC 层协议外,TTE 在数据链路层集成了高精度时钟同步、网络通信调度管理、网络可靠性设计等内容。

高精度时钟同步使得网络节点具备统一的时间观,实时以太网中网络节点基于统一的时间进行时间触发通信,确保通信确定性。TTE 采用分布式时钟同步机制,通过同步帧在节点间的交互传递时钟信息,建立全网节点的本地时钟并维持高精度同步。

为完成时间触发通信，除高精度时间同步外，还需要合理的通信规划和调度。TTE 通过时槽划分（图 3 - 15）来规定 TT 帧传输时隙，定义虚拟链路来规划整个网络时间触发流量的路由关系和收发时刻表，以此实现确定性的可靠传输。

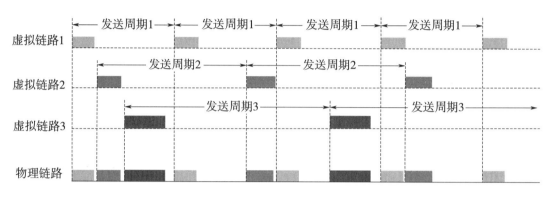

图 3 - 15　TTE 虚拟链路时槽划分

TTE 在数据链路层加入虚链路通信技术、流量警管机制、顺序完整性机制等技术来保证网络通信数据传输的可靠性，能够在不需要上层应用参与的情况下实现故障的诊断和隔离，提高可靠性。

（3）网络层、传输层、应用层

网络层负责选择合适的路由和交换节点，确保消息及时传送。TTE 通信预先指定路由。

在协议栈中，传输层位于网络层之上，网络层提供了节点之间的逻辑通信，传输层则为运行在不同节点上的进程之间提供了逻辑通信。传输层协议只工作在端系统中，将来自应用程序的报文移动至网络层，反之亦然，对报文之后如何移动不做任何干涉。

应用层对应用程序的通信提供服务。

（4）用户层

用户层定义了用户所开发设计的应用程序及交互界面。

利用 TTE 高度的扩展能力，将各设备作为网络中的终端节点通过交换机互联，通信链路和交换机组成通信通道，与标准以太网类似，在网络中，端系统通过双向通信链路连接到交换机上。端系统可以通过交换机与另一个或一组端系统通信。交换机负责在端系统之间或者在交换机之间转发数据、产生或转发控制信息，结合控制系统的应用场景，主要应用拓扑为星型拓扑（图 3 - 16）。

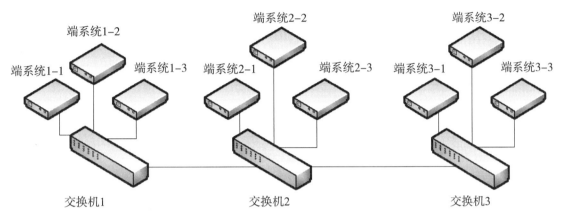

图 3 - 16 星型交换式网络拓扑示意图

TTE 总线在航天与工控领域已经得到应用。国内某箭载飞控演示系统已经验证了基于 TTE 网络在小型火箭上的一体化组网功能，网络拓扑为单跳双冗余网络，经过测试，TTE 网络系统同步精度达到 100 ns，TT 数据通信抖动优于 300 ns。

2020 年 5 月 6 日，TTE 原型系统在新一代载人飞船试验船上顺利完成：异步启动、时钟同步、TT 消息传输、多源数据采样、高清图像传输、分布式计算和故障检测等功能试验。

3.4 高效数据处理

控制系统智能化伴随着高效数据处理的计算需求，智能算法在箭上的部署对于箭载设备的算力水平提出了新的更高要求。随着摩尔定律的失效，传统通用处理器的计算方式不能满足未来火箭智能控制的算力需求，专用计算架构与专用智能芯片将会逐渐进入箭载设备，为智能控制提供算力支持。

3.4.1　箭载设备算力现状与发展

箭载计算机是用来完成制导律运算、姿态控制律运算、飞行时序控制、发遥测参数、自动测试等计算任务的箭上设备。早期箭载计算机的计算单元，用的大多是中小规模集成电路和磁芯存储器，内存容量不超过 2 KB，运算主频在 1 MHz 以下。随着集成电路的发展与元器件性能的增强，箭载计算机的主频、存储容量、通信带宽在数量级提升的同时，其体积、质量和功耗大大下降。

此时诸如 X86 芯片、SPARK 架构芯片进入箭载计算机核心芯片选型，作为主控模块核心计算单元大大提升了箭上算力水平，计算主频达到 10～100 MHz 范围，浮点算力达到 10 MFlops 量级。

随着芯片技术与国产化芯片发展，国产化 DSP 凭借低功耗、高算力的特点进入箭载计算机的核心芯片选型，此时的计算主频达到 200 MHz 量级，算力达到 1 GFlops 量级。

随着未来运载火箭需求的发展，以及摩尔定律的放缓，以在线轨迹规划、机器学习为代表的智能算法对于冯·诺依曼体系处理器的计算能力正提出越来越大的挑战。

冯·诺依曼体系结构自第一台通用计算机 ENIAC 于 1946 年诞生以来，依靠半导体技术的不断进步持续提升计算与存储能力。随着后摩尔时代晶体管的进一步等比微缩遇到瓶颈，通过增加同构核数、增加缓存级数和容量，提升流水线深度、乱序发射、提升主频、分支预测、超长指令字、SIMD 指令等方式已经将通用架构处理器的计算潜力挖掘殆尽。冯氏架构固有的将计算与存储分开的架构，在给编程带来极大便利的同时，限制了功耗的降低，如图 3 - 17 所示，计算过程中指令、数据的存储消耗的时间与能量已经成为限制运算单元进一步发挥算力以及限制能效提升的关键。

以通用 CPU 为代表的传统计算载体，在摩尔定律放缓、算力增长乏力的同时，以智能计算为代表的应用对算力的要求呈指数增长，如图 3 - 18 所示。

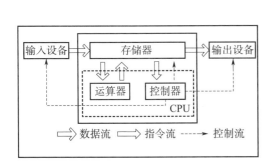
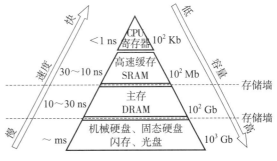

操作	能耗/pJ
8b Add	0.03
16b Add	0.05
32b Add	0.1
16b FP Add	0.4
32b FP Add	0.9
8b Mult	0.2
32b Mult	3.1
16b FP Mult	1.1
32b FP Mult	3.7
32b SRAM Read(8kB)	5
32b DRAM Read	640

图 3-17　冯·诺依曼架构与存储墙、功耗墙

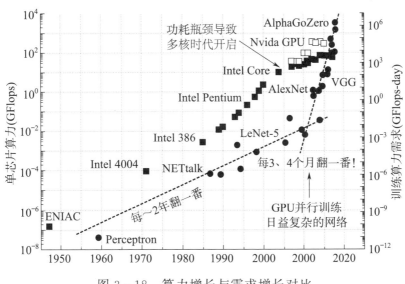

图 3-18　算力增长与需求增长对比

航天控制系统的发展显示出以智能化、自主化、集群化、体系化为特征的智能控制模式,箭上算力不足日渐成为限制智能控制技术在航天领域应用的瓶颈。传统的处理器或计算单元对先进控制算法和以机器学习为代表的智能算法

的支持显著不足。而随着摩尔定律的放缓，控制系统要处理的数据量与计算复杂度不断提升，越来越大的算力缺口问题日渐成为限制火箭智能化发展的瓶颈。

领域定制架构（Domain Specific Architecture，DSA）是平衡计算架构通用性与能效比的有效方法，被美国 DARPA 的"电子复兴计划"列为美国"后摩尔时代微电子领域的新体系，继续筑牢美军装备在电子信息领域的优势地位"的重要手段。相比指令驱动的通用处理器计算模式，DSA 将通用指令集架构中的取值译码和寄存器、内存的访问步骤，转化为芯片内部固化的电路，大大提升了计算能效比。相比完全由数据流驱动的 ASIC 计算模式，DSA 面向领域需求保留了充分的编程灵活性。

以在线轨迹规划、智能识别、智能感知、智能决策为代表的智慧应用，需要海量密集的计算需求，传统的箭载数据处理器难以满足这种高密度计算与信息处理的性能需求。针对传统数据处理技术和新的智能计算需求，研究专用的计算架构，提高智能信息处理的能效比，满足控制领域算法的性能和产品低功耗需求，是运载火箭智能控制系统计算架构设计面临的重要挑战。

3.4.2　智能算力的能力特征

相比传统箭载计算机制导律、姿态控制律、飞行时序控制、发遥测参数、自动测试等计算任务，未来运载火箭控制在智能识别、控制、在线故障辨识、轨迹规划等需求上对于智能算力有着新的更高要求。

（1）领域定制化

智能算力通常遵守一定的计算范式，以第 2 章中的凸规划问题为例，基于对偶内点法的在线规划算法，其整个优化算法中并行度较高的运算过程包括：N－T 缩放矩阵更新、N－T 矩阵缩放、KKT 矩阵分解、锥除、线性方程组求解和线性搜索部分浮点计算。

大规模、具备一定并行度的浮点数的乘、除、加、比较、开方计算是该类算法典型的计算特征。因此设计基于专用高并行度浮点计算架构的智能算力，能够大幅提升通用处理器的计算性能。

（2）大数据量访存

智能算力通常对于数据访存有较高的需求。以第 2 章中涉及的卷积神经网络为例，其以多维卷积核与特征图的密集卷积计算为主要特征，模型每层的计算量为 $2\,M^2K^2C_{in}C_{out}$，空间复杂度每层的访存量为 $K^2C_lC_{l-1}+M^2 \cdot C_l$。其中 K 为卷积核尺寸、C（in/out 为输入、输出层）为通道数、l 为层号、M 为该层输出特征图尺寸。典型卷积神经网络的模型大小与计算量见表 3 - 1。

表 3 - 1　典型卷积神经网络的模型大小与计算量

网络结构	模型大小/（MB）	计算量（GFlops）
AlexNet	233	0.7
VGG - 16	528	15.5
VGG - 19	548	19.6
ResNet - 50	98	3.9
GoogleNet	27	1.6
InceptionV3	89	6

可以看出，其典型应用普遍具有数据量大、计算量大的特点。

（3）算力能效比高

箭上对于功耗与散热有苛刻的要求，随着智能算力水平的提升，随之而来的高功耗成为严重的问题，算力能效比（Tops/W）因此成为智能算力的关键指标。值得一提的是，智能算力往往对于计算精度要求较为多元，例如 CNN 算法由于冗余性，往往将网络权重量化到 8 bit 甚至更低情况下，其算法精度仍可以保持较高水平。因此相比通用算力通常以 flops 作为算力单位，智能算力往往以 ops 为算力单位。

（4）异构多元架构

智能算力纷纷采用多元异构架构作为算力支持的框架，常见的大型 SoC 或片上系统，通常集成 CPU、DSP、ASIC、FPGA 等多种计算类型以满足控制调度、信号处理、AI 推理、专用模块加速等不同类型计算需求。

（5）快速部署需求

以深度学习为代表的智能算法模型的更新迭代，催生了智能算力的快速部署需求。基于软件工具链的自动优化、编译算法的快速部署能力成为智能算力的突出特征。

3.4.3 智能高算力应用与实践

3.4.3.1 智能算法的硬件载体

按照架构特征划分部署智能算法的载体，可以分为 CPU、GPU、ASIC、FPGA 四类以及它们的不同组合。由于目前 AI 算法的性能瓶颈，突出表现在卷积神经网络推理过程中大量的卷积计算，因此各种 AI 芯片通过对此类计算设计专用计算模块能够具有大幅领先 CPU 性能的巨大优势。

相比之下，ASIC 具有算力强、功耗低的优点，缺点是可编程性最差；GPU 在灵活性方面则大大胜过 ASIC，但算力功耗比明显逊于 ASIC；FPGA 在可编程逻辑与算法适应性上更优，但受资源与时钟频率限制，算力上限大大弱于 ASIC 与 GPU，同时对工程师的开发能力需求较高。CPU 则在灵活易用、可编程性上最优，但是同时算力水平最低。

鉴于以上特征，AI 芯片开发者各自为自身芯片设计了相关软件工具链，以期最大程度利用 ASIC、CPU、FPGA、GPU 的优点，实现算法的最优部署，以及对新算法的高性能支持。

3.4.3.2 专用智能芯片的实践

随着算力需求发展，为智能算法部署设计的 AI 芯片逐渐进入航天领域计算设备的选型范围。

AI 芯片方面的研究，从 2014 年开始，中科院计算所研制了第一个深度学习加速器 DianNao，在此之后，出现了很多基于不同架构设计的单核、单任务的 NPU 结构，DaDianNao 使用 eDRAM 来探索新的存储结构。

张量处理器（TPU）是谷歌公司为机器学习定制的专用芯片，其核心是由 65 536 个 8 bit 的 MAC 组成的矩阵乘法单元，计算峰值可达 92 Tops（INT8）。其架构如图 3 - 19 所示。

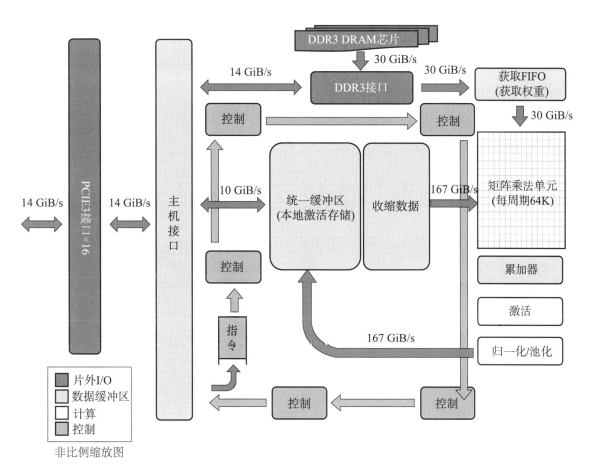

图 3-19　TPU 架构图

　　MIT 研发的 Eyeriss 探索了 NPU 内部的多种数据流和片上多级存储设计，NVIDIA 等研发的 SCNN 对稀疏的模型进行了压缩计算和存储的优化等。由于 AI 在各种领域的任务中取得的良好效果，近年来出现了很多深度学习的模型、算子等，且模型的大小、复杂程度日益分化。NPU 也出现了面向不同任务和应用场景的多样化的架构设计。在工业界，很多公司发布了可用于神经网络加速的芯片、开发套件，如寒武纪的 Cambricon 1 M、谷歌的 edge TPU，因特尔的 neural compute stick 等。在产品领域，2019 年亚马逊推出了用于高速推理过程的深度学习处理器芯片 Inferentia，寒武纪发布了云端深度学习加速芯片思元系列，以及阿里达摩院发布的含光 800 等，均有十分出色的性能。

近年来，国产 AI 芯片快速发展，取得了令人瞩目的发展。其中尤以华为和寒武纪的 AI 芯片产品应用较广。

华为公司昇腾 310 的核心 Davinci 架构框图如图 3 - 20 所示。

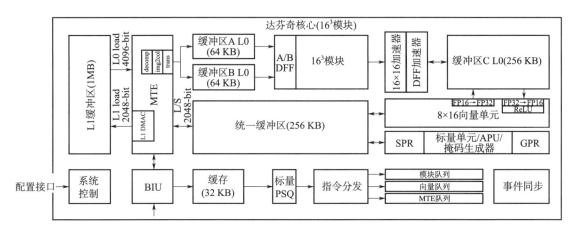

图 3 - 20　华为 Davinci 架构框图

华为 Davinci 主要的计算单元为 16 维张量计算单元 Cube Unit，向量计算单元 Vector Unit，以及标量运算单元 Scalar Unit，可以在单个时钟周期完成张量、向量、标量的计算。其余指令派发、缓存单元则为其运算过程提供支持。

寒武纪思元深度学习处理器芯片，是一款专门用于边缘端深度学习的 SoC 芯片，采用寒武纪 1 M 架构 AI 处理器核心，内置集成 4 核 ARM Cortex - A55、64 位宽 LPDDR4X 控制器和硬件视频编解码单元、PCIE Gen3.0、SDIO、EMMC、GMAC 等高速接口，可实现最大 16 Tops（INT8）算力，芯片采用先进的 16 nm 低功耗工艺和小型化封装，典型功耗 8.25 W。

除上述以外，为满足箭载、星载等场合的需要，国内研发了用于部署各类智能算法的智能芯片，其芯片特性见表 3 - 2，其中寒武纪创智芯片的典型架构如图 3 - 21 所示。

表 3 - 2　部分国产 AI 芯片特性

芯片名称　芯片属性	昇腾 310（华为）	创智 220（寒武纪）	7045AI（复旦微）	7100AI（复旦微）	Yulong810（欧比特）
峰值算力（ops/INT8）	22T	16T	2T	32T	12T
AI核心访存情况	L0 缓存:384 KB/核；L1 缓存:1 MB/核；外存带宽:51.2 GB/s	暂无缓存信息。外存带宽:29.86 GB/s	特征图缓存:384 KB；权值缓存:12 KB；外存带宽:12.8 GB/s	AI 单元共享 2 MB；外存带宽:12.8 GB/s	异构共享 1 MB；片内 SRAM；外存带宽:21.33 GB/s
功耗/W	11	8.25	12	20	5
芯片架构	8 核 ARM Cortex, A55＋达芬奇架构 AI 引擎	4 核 ARM Cortex, A55＋AI 计算核	4 核 ARM Cortex,A7＋FPGA＋AI 核	4 核 ARM Cortex,A53＋GPU＋FPGA＋AI 核	4 核 ARM Cortex,A9＋GPU＋NNA(AI 核)
推理精度支持	INT8/FP16	INT4/8/16	INT8/12	INT8/16	INT8/16
操作系统依赖	Ubuntu18.04（Linux）及更高版本	Linux 操作系统	支持 Linux 或 BareMetal 开发	支持 Linux 或 BareMetal 开发	依赖 Linux/翼辉操作系统部署算法
支持的网络类型	SSD, YOLO 等 CNN 网络, LSTM 等 RNN 网络	SSD, YOLO 等 CNN 网络, LSTM 等 RNN 网络	SSD, YOLO 等 CNN 网络	SSD, YOLO 等 CNN 网络, LSTM 等 RNN 网络	SSD, YOLO 等 CNN 网络, LSTM 等 RNN 网络

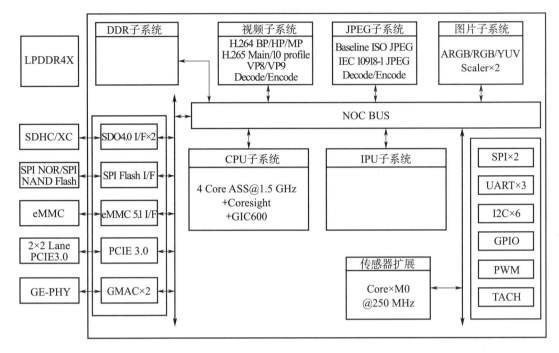

图 3 - 21　创智芯片架构

随着智能计算方案的发展，存内计算已经逐渐成为产业界和学术界公认的解决传统体系结构存储墙问题的一个发展趋势。国际上 IBM 的基于相变存储的存内计算方案已经发展数年，TSMC、Intel 的基于 ReRAM 的技术方案已经取得了一定的成效，可以实现高性能的 AI 应用，例如目标分类等问题。目前国内的存内计算处于国际领先地位。2019 年，清华大学设计了基于阻变式存储器（RRAM）的特殊阵列，实现了高达 78.4 Tops/W 的能效比；并首次实现了完整的可用于卷积神经网络计算的 RRAM 加速器。中科院计算所研发了基于 RRAM 的精度可调卷积神经网络加速器，实现了混合精度神经网络训练，并可快速灵活地调节模型精度，从而实现计算效率和准确度的在线权衡。目前存内计算尚面临器件线性度水平（影响计算精度）、模/数信号转换效率、集成工艺、编程方式等方面的问题有待解决，这些新的计算体制方案有望在未来为火箭智能控制提供更加强大的算力支持。

3.5　高效电能管理

3.5.1　电能管理现状与发展

　　箭载电源系统为箭上设备提供安全稳定的电能，是箭上设备正常工作的先决条件，直接决定了火箭的工作状态、工作可靠性、发射效率。从箭载电能系统组成来看，主要分为电池储能设备、电能分配与管理评估三大部分。

　　运载火箭用电池主要经过了两个发展阶段，锌银电池具有放电电压平稳、电压精度高、可靠性和安全性都较好等优势，最先应用于运载火箭，但面临循环寿命较短、重复上下箭、比能量低、地面测试设备繁杂等问题。随着锂离子蓄电池技术快速发展，其作为一种高效能源存储和转化装置，凭借其能量密度高、循环寿命长、工作温度范围宽和充电操作方便等优点，正在逐步替代锌银电池，并逐步向超高功率密度、超高能量密度以及免维护方向发展。

　　运载火箭电能分配主要经历了两个发展阶段，在初期采用基于电磁继电器的模拟配电技术，地面测发系统采用 28 V 信号驱动配电器内的电磁继电器动作，实现箭上电能分配，逻辑简单，更新升级难度大，设计过程中还需考虑触点与飞行方向的关系。随着电力电子技术与总线技术发展，逐步向数字化配电发展，配电器接收总线配电指令，通过计算处理驱动 MOSFET 等先进电力电子器件开通或关断，实现电能分配，具有动态特性好、环境适应性强、容易升级改造等优势，正在逐步推广应用。

　　电能管理评估是在工作过程中对电池状态、配电分支电路状态等进行监测，对监测数据进行评估，给出箭载电源系统的健康情况，在告知飞行控制系统的同时采取相应措施进行挽救。主要包括箭载电池在工作过程中的均衡管理技术和电池荷电状态（SOC）、电池健康状态（SOH）、电池功能状态（SOF）、电池剩余能量状态（SOE）、电池功率状态（SOP）、电池剩余寿命（RUL）的预测及评估技术，负载设备变化过程中电能的动态均衡以及异常情况下的故障隔离与自主恢复等技术，实现电能的自主智能管理，提高箭载电源系统的可靠性与安全性。

3.5.2　高效电能管理能力特征

面向未来深空探测、载人登月等长时间飞行任务电能管理高效安全需求，解决箭上个别设备异常短路、火箭大姿态调整等工况下的母线异常波动等问题，同时通过高效电能管理，提高电能利用率，实现运载能力提升。因此，智能运载火箭高效电能管理需要具备以下能力特征：

1）电源系统状态监测能力：地面测试过程中由箭上能源管理装置实时监测箭上电池容量和供电性能，相关数据通过总线送地面进行数据分析，保证箭上各电气单机、供电系统测试覆盖性，为故障诊断提供基础数据支撑。

2）电源系统自主均衡与控制能力：面对深空探测、载人登月等长飞行任务，在漫长的变轨过程中对负载进行精细化管理，仅保留必要的供电需求，对大功率设备进行节能管理，实现电能的高效利用。

3）电源系统故障隔离与自主恢复能力：射前，如果箭上功能单元出现故障，可通过智能数字配电控制对故障单元进行重启恢复，也可对无法重启恢复的冗余单元进行断电隔离，减少故障单元对系统发射条件的影响，提高发射可靠性，提高全箭控制系统在复杂工况下的控制能力。

3.5.3　高效电能管理应用与实践

针对未来火箭需建立面向任务规划和飞行实时需求的能源精细化管理体制，确保火箭在负载功率突增或单一能源故障下的稳定供电。开展能源健康管理方案研究，建立"健康能力评估—任务能力预测—个体互补保障"的精细化能源管理模式：一是研究能源一体化统一供电管理体制，通过统一监测评估和控制，实现箭上能源的资源统筹优化和精细化智能管理；二是在智能控制系统架构下，研究通过对能源综合状态管理、非接触式自主维护、一体化统一供配电、能源自适应调配等技术的综合系统集成，形成能源一体化管控的系统解决方案，具备对箭上能源统筹管理、自适应维护和实时动态调配的精细化智能管理能力。通过设计研制箭载能源一体化管控平台实现对箭上供电能源的一体化管理。

3.5.3.1　高效电能综合状态检测与评估

针对新一代箭上能源系统所应具备的自适应管理需求，采用能源综合状态评估方法，其原理框图如图 3-22 所示。对箭上能源供电能力和寿命进行评估预测，通过高比能电池健康参数高效辨识算法，构建电池健康模型，实现对反映健康状态各要素的全面监测；采用多维度自适应诊断算法，以各健康要素参数为对象，通过状态诊断多维度自适应统计滤波算法、基于长短期记忆单元循环神经网络的预测算法，实现对箭上电池组的荷电状态（SOC）、功率状态（SOP）、剩余寿命（RUL）等综合状态的准确评估。根据诊断评估结果自主进行针对性维护管理，提升箭上能源可靠性和寿命，同时，基于对能源综合状态的准确监测与评估，支撑实现飞行过程中的能源动态调配及故障重构。

3.5.3.2　高效电能负载功率自适应动态调配

针对如何在不增加电池容量和数量的情况下，满足飞行过程中负载功率突变工况下的全箭稳定供电问题，采用负载功率自适应动态调配方法，制定能源自主管理调度策略，采用负载供电自适应管理控制技术，通过对负载能源的自主动态调配控制，实现负载功率突变情况下的实时动态供电互补（图 3-23）。

3.5.3.3　高效电能故障隔离及供电自主修复

针对飞行过程中可能出现的单一电池故障即可造成任务失败，而单纯增加电池并联冗余供电又会造成电源体积、重量剧增的问题，基于供电故障隔离及修复策略的负载供配电自主管理控制，采用以能源状态评估为基础的实时故障诊断技术，准确及时识别能源故障；通过故障状态下的负载供配电自主管理控制技术，在不影响负载工作的同时完成负载供电动态互补切换，实现故障状态下的能源间的能力共享，达到供电能源故障的实时自主隔离和负载供电修复（图 3-24）。

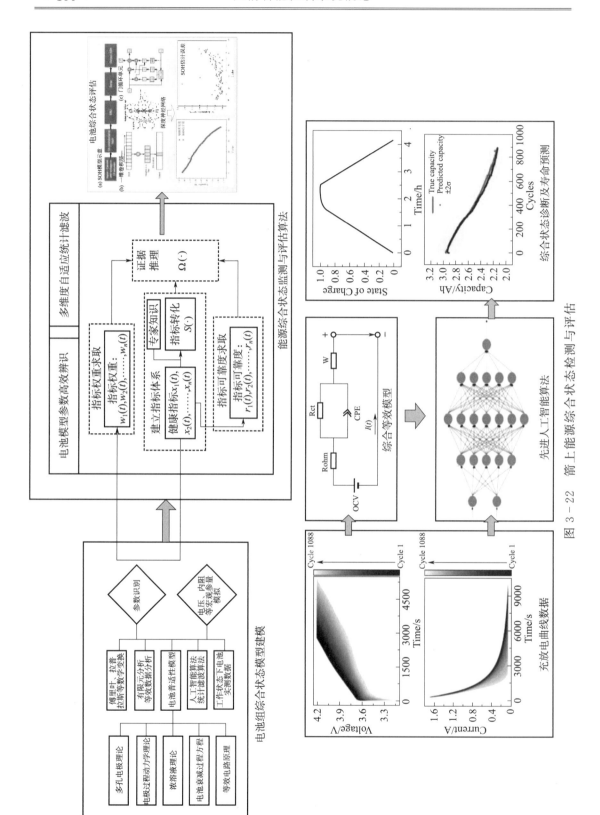

图 3 - 22　箭上能源综合状态检测与评估

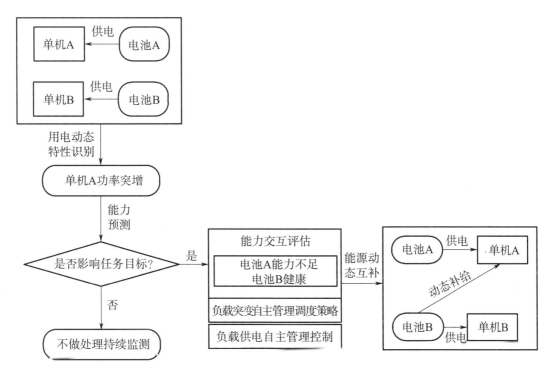

图 3 - 23　箭上能源负载功率自适应动态调配原理框图

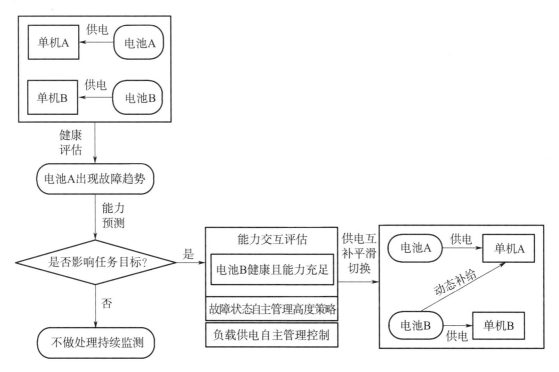

图 3 - 24　箭上能源供电故障隔离及修复原理框图

3.6 智能信息支持与测发系统

智能信息支持与测发系统通过对智能飞行控制系统多种状态下的测试结果分析，评估其是否满足最低发射条件，即满足要求时实施点火发射控制、不满足时实施终止发射，确保火箭发射活动的安全性。

3.6.1 运载火箭信息支持与测发系统现状与发展

运载火箭信息支持与测发系统是运载火箭控制系统的一个重要组成部分，其主要功能是在火箭起飞前对控制系统进行供电、测试、初始对准和发射控制，是确保发射安全性的关键。

运载火箭信息支持与测发系统按照网络体系架构和功能复杂性发展，主要分为以下 3 个阶段。

（1）近距离信息支持与测发系统

运载火箭技术发展初期，网络技术还不成熟，测发控系统地面设备就近布置在火箭发射工位附近，系统原理框图如图 3 - 25 所示，计算机操作系统采用 DOS 系统，且不支持多线程工作模式。为解决测试发射流程控制与显示线程冲突的问题，采用控、显分开的独立控制方式，主控微机仅执行测试发射流程控制，实现控制指令和采集指令的发出，显示微机通过 RS422 总线接收测试数据信息并实现流程步的同步显示。发控台功能和逻辑极为复杂，它具有部分的自动发控与完全的手动发控功能、点火控制功能、遥测量接收功能、状态显示功能、电源遥控功能和平台瞄准功能；模拟测试装置根据测试信号的变化在坐标纸上画出模拟量的变化情况。箭地之间、设备之间通过点到点的模拟量电缆互联，操作依赖人工，设备种类多，规模庞大，自动化程度低，岗位人员数量多，目前已经退役。

（2）远距离信息支持与测发系统

随着网络技术和计算机技术的快速成熟，信息支持与测发系统由近控转变为远控，系统原理框图如图 3 - 26 所示，地面设备分成前后端部署，中间通过

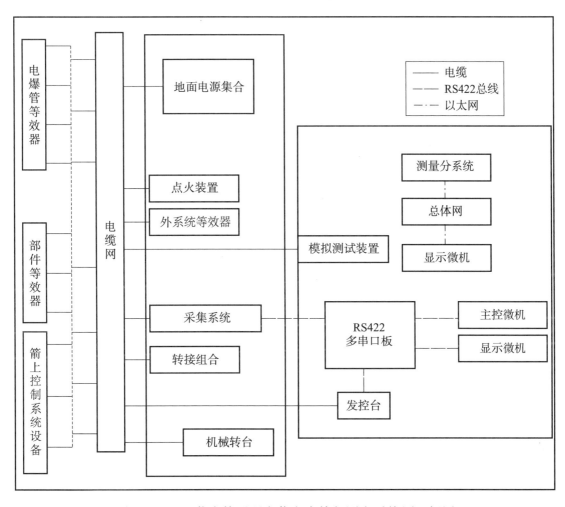

图 3-25　运载火箭近距离信息支持与测发系统原理框图

光纤连接，形成了面向无人介入的全自动测试、发射、控制流程。通过规划好的测试路径开展自动测试、自动判读、自动状态监测、自动发出系统关键控制指令。使控制系统在进入发射流程后，可实现"一键启动"并自动完成全部的系统测试、状态确认、转电控制等操作，全套应急预案也转为自动流程，仅保留人工的点火和应急通道控制功能。

　　在此阶段，为进一步整合资源，简化地面设备规模，提升信息应用效率，系统规模从各系统独立研制到一体化系统研制，采用模块化、组合化、可配置技术，支持积木式组合和箭地接口适配更换以满足不同型号地面测发控需求。

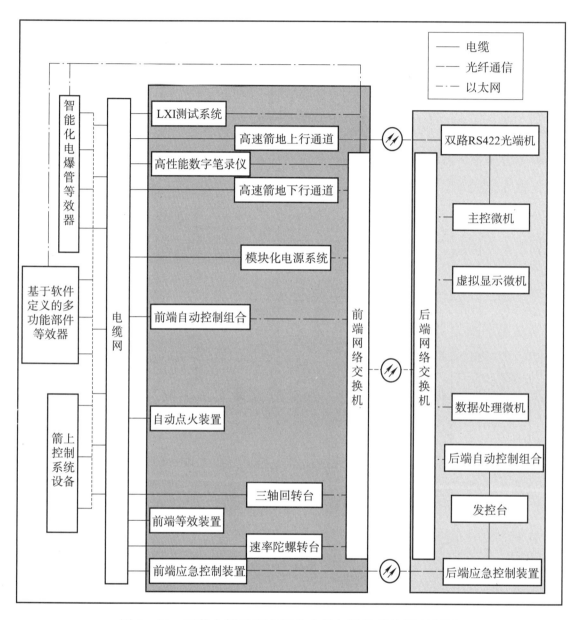

图 3 - 26　运载火箭远距离信息支持与测发系统原理框图

（3）智能信息支持与测发系统

为进一步降低火箭发射工作对人员能力要求，减少人力成本、缩短发射周期、提高发射安全性与可靠性，引入了系统信息管理、健康管理和远程测发管理等先进技术。建立庞大的系统信息管理平台，从系统设计信息、发射业务信息、智能算法、历史数据信息等多个维度形成完整的信息平台，为火箭测试发射工作提供全面信息支持。在此基础上，扩展形成了远程测发系统，后方人员开展"身临其境"的远程测发工作，大幅降低发射场资源投入，降低发射成本。在原有基于阈值的测试结果判读的基础上，形成了基于智能算法的健康管理技术，协助现场人员进行自主评估，欧洲的 Vega 运载火箭具有完整的故障诊断系统，对测试及发射过程进行实时监控，发生故障时能够及时自动终止发射流程，Falcon 9 火箭的箭载健康检测与诊断系统在全寿命周期内对重复使用箭体及发动机进行健康监测，实现了前端从加注开始的无人值守，我国新一代运载火箭信息支持与测发系统具备基于系统模型的健康管理能力。

3.6.2　智能信息支持与测发系统能力特征

为满足未来火箭的高可靠、高安全、低成本要求，智能信息支持与测发系统需具备以下能力特征。

（1）敏捷发射能力

以更短的时间、更便捷的操作、更少的技术保障来完成发射任务，不断提升操作的便捷性、测试的有效性和覆盖性以及分析的智能化程度，使火箭具备敏捷发射能力。

（2）系统信息管理能力

采用统一架构对支持火箭测试发射的所有数据进行集中一体化管理，规范软件接口标准，建立面向不同应用需求的应用软件系统，为火箭智能化训练、发射评估等提供支持。

（3）智能健康管理能力

采用智能技术，通过对测试结果数据进行深入分析，评估智能飞行控制系统是否满足发射要求，并根据评估结果执行后续测试或终止发射，实现异常情况的快速决策响应。

（4）远程测发管理能力

为进一步实现低成本发射，未来发射场对人员的需求将越来越少，更多的是以远程测发的方式开展火箭测试与发射工作，因此远程测发管理也是智能信息支持与测发系统重要的能力特征。

3.6.3　智能信息支持与测发系统应用与实践

根据智能信息支持与测发系统网络分布可以看出，该系统主要分散在 3 个地点，分别是远程支持中心、发射场后端、发射场前端，如何提高未来火箭的发射安全性、缩短发射准备时间、减少发射人力资源投入等成为新的挑战。面对新的挑战，本节结合实际工程需求给出实践示例。

3.6.3.1　系统信息体系平台

运载火箭从研制到发射全生命周期形成了大量信息，这些信息以不同方式存储在不同的信息管理工具中，这些工具接口规范不一，难以实现信息的充分利用。面向智能控制系统需求，必须建立一个系统信息体系管理平台，其体系结构如图 3 - 27 所示，在一个灵活的架构下，建立基于标准接口的数据库和应用软件系统，实现碎片化信息的集中管理，为智能控制系统训练学习、智能健康管理、远程测发管理等提供足够的信息支持，提高控制系统的智能化水平。

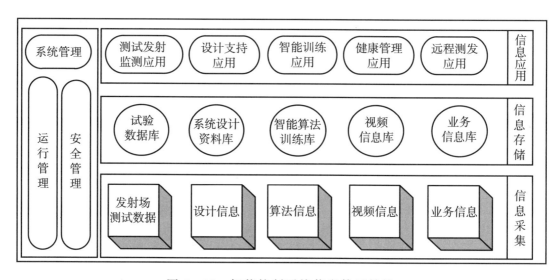

图 3 - 27　智能控制系统信息体系结构

信息采集层：综合采用工业数据采集和控制网、PLC 通信、信息共享、标准通信接口转换等形式，采集运载火箭全生命周期的数据，对数据进行分类清洗，将有效数集中管理，包括测试数据、设计信息、算法信息、视频信息、业务信息等。

信息存储层：系统建立各类数据存储子系统，分别存储不同测试阶段的试验数据信息、不同发次的业务管理信息、不同应用对象的智能算法信息等，以数据库方式对该信息进行分类存储管理。

信息应用层：面向不同功能需求，开发形成基于标准数据库接口的应用软件，包括用于测试过程数据浏览的测试发射监测应用、用于人工基础支持的设计支持应用、用于火箭训练学习的智能训练应用等，针对指挥决策层、机关管理层和岗位操作层等不同权限层次提供集成化、多维化信息交互与状态监控界面。

3.6.3.2　智能健康管理

运载火箭智能健康管理功能是支撑运载火箭测试与发射过程自动化，以及容错重构能力的关键，而故障预测与健康管理技术（PHM）是一项复杂的系统工程，能有效降低维修、使用和保障费用，提高运载火箭的安全性和任务成功率。目前常见的运载火箭故障预测与健康管理方法包括基于模型和基于数据驱动两种方法。

（1）基于模型的健康管理

基于模型的健康管理方案又称为深知识方法，它通过建立系统的结构、行为和功能等模型，利用相关知识对系统进行诊断和推理。目前在航天领域应用较多的是基于测试性模型的健康管理与故障诊断。

基于测试性模型的健康管理方法首先利用信息流模型、多信号流图模型等建模手段建立系统的测试性模型，描述测试、故障模式和功能之间的相互关系。对于运载火箭测试性模型的建立，主要是梳理和建立设备与设备之间的信号对应关系和流向关系、设备与模块之间的信号对应关系和流向关系、模块与模块之间的信号对应关系和流向关系。

创建系统各级的故障模式、影响和危害性分析（FMECA），确定故障模式之间的信号交联关系。故障模式分析包括按规定的规则记录系统设计、测试、发射等各阶段可能存在的故障模式，分析每种故障模式对系统工作状态或测试流程的影响，明确预防或补救措施。按照总体设计要求，设计系统故障模式分层要求、分类原则，完成系统故障诊断分析，并为测试性故障诊断提供设计输入。

基于测试性模型分析生成诊断设计所需的各层次级别的相关性矩阵。相关性矩阵是测试性模型和健康管理与故障诊断策略的联系纽带，通过相关性矩阵开展系统的测试性分析，完成系统的实时健康管理和故障诊断。

（2）基于数据驱动的健康管理

近年，随着机器学习方法的兴起，以机器学习为代表的基于数据驱动的健康管理方法正在逐渐成为 PHM 的重要组成部分，其主要技术流程包括：数据获取、数据处理、状态检测、健康评估、预测评估和建议生成等。PHM 的数据预处理、状态检测、健康评估和预测评估这四个部分会用到相关的机器学习知识，例如机器学习技术的分类、回归、聚类、密度估计等算法。

基于数据驱动的故障诊断问题本质是将高维特征向量转换为状态标识，按照数据的特征进行分类处理，如图 3-28 所示。

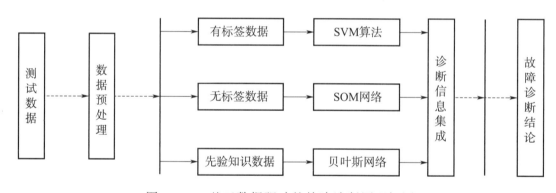

图 3-28　基于数据驱动的故障诊断原理框图

1）对于有标签的数据，通常采用分类算法，常用的是 SVM 算法、深度神经网络算法，如果遇到一些线性不可分的情况，可以使用核函数的技巧把低维特征映射到高维空间中，从而扩展到多分类问题。

2）对于类别数量未知、无标签的数据，通常采用自组织映射神经网络 SOM，可视化效果较好。

3）对于需要加入先验知识的数据，通常采用贝叶斯网络，可以将每种特征和故障类型之间的关联关系通过机理固化。

3.6.3.3　远程测发管理

目前，中国现役运载火箭在发射场执行测试及发射任务时，为提高发射任务保障能力、及时分析处理并形成技术决策，需要大量设计人员赴现场进行技术支持与保驾。以某运载火箭为例，每发任务期间发射场技术保障队伍较为庞大；另一方面，由于火箭发射场测试发射流程复杂，造成测试与发射准备时间较长，部分设计人员主要工作内容是判读，因此在靶场的有效工作时间较短。总的来看，测试发射控制系统智能化程度不高、灵活性不强，需要较多的人为保障和支撑。

随着计算机网络技术、视频会议技术发展，运载火箭靶场测试和发射过程不再局限于本地实施。通过高速远程异地协同测发网络，建立数字化的测试监测及信息应用系统，在远程实现对现场测试数据、图像信息的完整映射，远程再现发射场实况，使设计人员能够实时远程监测运载火箭状态，完成运载火箭的测试发射及技术决策工作。该技术可以有效减少发射场人员，充分利用远程软硬件资源与专家智力资源，提高测试发射效率，在远程实现运载火箭的快速响应。同时，也可以使有限的测试人员兼顾多发次火箭的测试发射任务。

图 3-29 所示为高速远程发射支持系统原理示意图，远程异地协同测发网络将运载火箭与现场安装操作、技术状态等相关的各种图像、音/视频信息和测试状态及结果信息通过网络传递到远程支持系统，实现状态确认、远程判读、故障诊断和快速决策等工作；另一方面，现场和远程通过视频会议协商工作，讨论决定靶场测试工作规划、加注前评审等工作，实现远程智能测发工作模式。

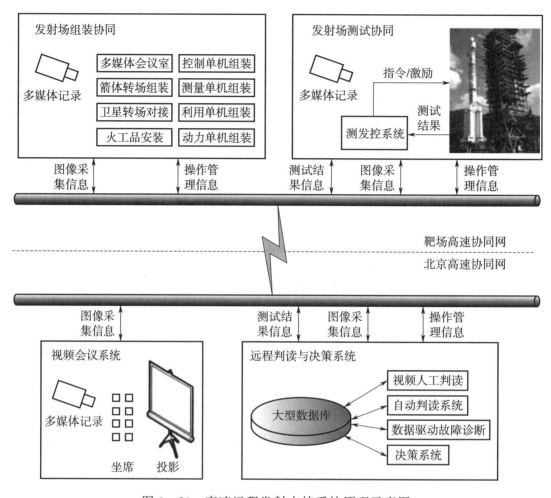

图 3 - 29　高速远程发射支持系统原理示意图

3.7　小结

　　智能控制系统的实现既需要"智能赋能"获得决策能力，也需要一套完整的软硬件系统作为运载火箭"机能"本体，为智能决策算法服务。

　　本章以构建智能控制系统为目标，对承载实现智能算法的"机能"本体从多源信息获取、高速信息传输、高效数据处理、高效电能管理、智能信息支持与测发系统共 5 个方面进行了介绍，对该技术国内外现状与发展进行了综述，聚焦智能控制系统，分析了该技术具备的能力特征，最后结合工程实践，简要介绍了目前该技术的探索和工程应用情况。

第4章　软件定义运载火箭智能控制系统

4.1　概述

　　未来的运载火箭需要具备自主发射与返回、任务灵活自适应、自主诊断可自愈、持续学习可演进等一系列智慧特征，主要体现为"神经中枢"——控制系统的智慧，随着火箭智能控制技术的发展和信息机能不断增强，感知、识别、规划、决策技术的大量运用，以及对数据、信息处理的要求越来越高，客观上推动了作为实现智能控制和各种信息机能的主要载体——软件在火箭中的技术应用，对软件提出了更高层次的需求。

　　传统运载火箭中的软件，是以单个软件配置项实现从底层硬件操作到顶层系统应用服务全部功能，然后各个配置项以互相通信的方式组织在一起，无法适应新的智能和机能快速迭代升级、灵活部署的需求。为了满足火箭智能控制系统的研制需要，软件作为托举智能控制、信息机能的载体，要采用软件定义火箭的方式，开展技术和产品的研制，尤其是作为神经中枢的控制系统软件。

4.1.1　软件定义运载火箭概念

　　近年来我国航天技术飞速发展，运载火箭呈现出智能化、硬件集成化、软件系统化的新发展态势，控制系统已经成为软硬件高度结合的有机智能体。

　　控制系统从传统的单机互联，逐步发展到部署在一个高度集成的硬件平台上、运行在统一的软件框架中的系统；传统的功能与硬件紧密耦合的装备研制模式难以适应智能时代多变的特性，亟需建立更加先进的技术框架、产品平台与研制体制。

　　智能化技术发展带来大量的智能化硬件技术，比如智能芯片、计算集群、并行计算技术的涌现，硬件平台的异构特征越发明显，其发展与变化的速度远超过去；其次智能带来任务的复杂性，确定、单一的任务变成自学习、高协同、可博弈的多变任务场景。功能与硬件紧密耦合的传统装备研制模式，难以适应智能时代多变的特性。而软件定义作为更为灵活的、便于管理的、成本节约的、可快速实现的技术手段，成为应对多变的有效解决途径。

软件定义的核心是通过虚拟化技术，打破装备功能与硬件的耦合：

1）向下将硬件封装成易于管理、分配、使用的资源，将实体硬件变成虚拟化、抽象化的部件对象，进而形成可调度的资源池，可以对硬件资源进行按需管理、按需使用，高效化精细化管理；

2）向上为装备执行的各种任务提供可调度的服务接口，这些服务可以是调度硬件的、使用计算资源的、实现智能控制的等各种服务，软件部组件通过服务接口进行调度，可以实现系统整体功能的灵活定制、灵活扩展。

在这种架构下，软件定义提供了一个从软件看世界的视角，用户和任务看到的是软件定义的服务接口，而无须关注硬件及硬件的变化，硬件及硬件生产厂商看到的是软件定义的虚拟化平台，而无须关注最终的任务及用户。

软件定义将围绕虚拟化平台与服务框架，提供更为灵活的任务实现方式，也为火箭迈向智能时代提供基础。围绕软件定义的核心思想，软件定义火箭概念，就是一种以箭载通用计算平台为核心的开放架构的火箭系统，拥有丰富的箭上应用软件，能够按需重构完成不同功能与任务，为众多载荷用户提供服务。

4.1.2　软件定义运载火箭的特点与内涵

软件定义技术从 20 世纪 90 年代出现以来，已经在网络、大数据存储、汽车等行业得到充分的应用，其核心思想是通过统一的界面实现软硬件解耦，从"面向专用功能，软硬件定制化设计"转向"标准化硬件预置，软件面向应用需求快速迭代升级"。软件定义技术及思想启发了航天领域，并在航天器上得到应用，从早期的天线频段、功率、覆盖度可调，到出现"软件定义航天器"的概念，软件定义技术有望从顶层设计出发，为火箭控制系统的开发以及功能性能升级提供开放式平台。软件定义航天器系统架构如图 4-1 所示。

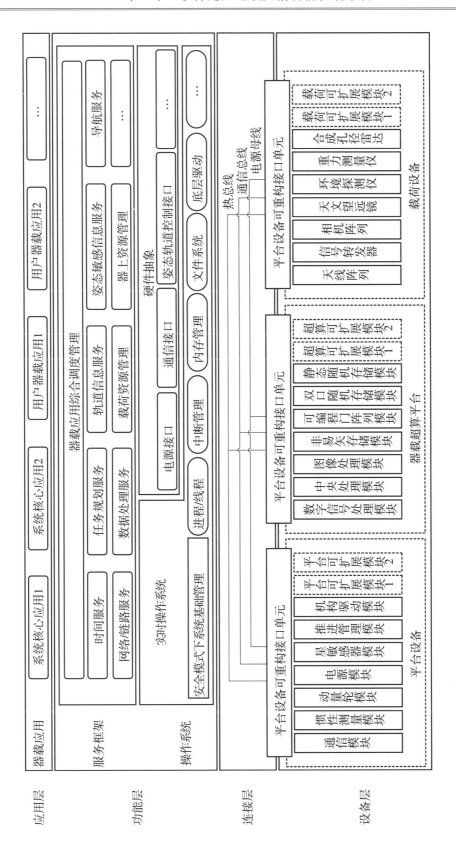

图 4 - 1　软件定义航天器系统架构

运载火箭的系统元素包括感知器、作动器、计算平台、电源装置等硬件设备和操作系统、硬件抽象、功能服务等软件组件；元素关系包括硬件设备之间的机、电、热、信息接口，硬件与软件之间的抽象接口及软件组件之间的应用接口等。结合运载火箭本身固有属性特点，软件定义的运载火箭系统架构采用分层化设计，通过统一界面将软硬件剥离，打破传统的软硬件耦合结构，软件定义火箭具备如下特征。

1）硬件标准化。硬件执行单元与计算单元分离，以标准的接口形式进行连接，采用标准化机、电、热、信息接口，保证硬件通用性。硬件的标准化为实现系统功能与硬件"脱钩"奠定基础，使硬件设计关注底层的通用功能，而与系统的具体任务解绑定。

2）接口规范化。构建规范架构，统一软硬件的界面。操作系统向上开放标准化接口，并通过硬件抽象层，向下兼容各类硬件平台，实现开放的系统架构，具备软硬件模块拼插扩展能力。

3）资源虚拟化。在软件和硬件之间提供一个抽象层，实现将物理资源转换为逻辑或虚拟的资源。通过虚拟化技术隔离处理器、存储、内存及通信，将物理计算资源变成可分配、可调度的资源池，运行在抽象层之上的应用或管理软件，能在不掌握底层资源物理细节的条件下管理和使用这些资源。

4）功能软件化。系统功能主要由应用软件来实现。系统提供基础的功能服务框架，应用软件在此框架内利用不同的基础功能服务进行配置或重构，从而迅速适应各种不同应用场景的功能需求。

5）软件服务化。打破原有独立配置项的概念，通过容器技术实现可快速部署、支持分布式计算、易于综合管理的服务架构，将基本的处理、控制封装为服务接口便于使用。

软件定义火箭是一种实现"分层、隔离、抽象"的虚拟化平台及系统体系架构，可配备多种有效硬件模块、可加载丰富的应用软件，能够实现动态功能重构，能够完成不同的空间任务。该架构下针对火箭任务可以实现智能的规划、分配、执行与重构，系统的灵活性、可扩展性将大大增强。

软件定义火箭的内涵核心，就是将系统分为不同的层次，定义层间标准的接口和扩展方式，每层形成整体解决方案及框架，减少变化可能造成的影响，缩小用户需要关注范围；通过标准化的硬件资源、机内外一体化的总线体制，形成计算资源与外部设备分离的硬件体制；通过虚拟化技术打破配置项与设备绑定的模式，提升资源的利用率。

软件定义火箭的基础是箭载通用计算平台与服务化软件应用，箭载通用计算平台具有强大的计算能力和丰富的接口形式，可动态集成传感器、执行装置等各类有效硬件模块，并具备强大的容错能力，并对上屏蔽底层硬件细节，为应用软件提供一致的执行环境，支持各类软件组件、硬件部件的即插即用和动态配置。

箭载通用计算平台提供计算服务、存储服务和信息交换服务，支持硬件模块的动态重组、软件应用的动态重配，从而可以通过灵活增加、减少、改变系统的软硬件组成动态构建出能够满足各种任务需求的火箭电气系统，进而完成复杂多变的空间任务。基于软件定义的动态重组、动态重配能力，可以保证系统在出现故障后正常运行，并尽可能快速恢复到故障前的状态，形成系统动态冗余容错能力，例如任务迁移与恢复、系统降级运行，使得装备可靠性大大提升。

（1）系统间任务迁移与恢复

对 CPU 负载率、任务运行时间、任务堆栈使用量、IPC 使用量等系统健康信息进行动态收集，能够清楚地了解系统在各个时间段的运行状态，当系统运行出现故障，启动故障检测，判断定位故障，并采取故障处理措施，进行任务迁移与恢复，将故障状态及结果进行报告和记录。

（2）系统降级运行设计

当检测到某个 CPU 发生故障后，系统丢弃该 CPU 进行降级处理，保证系统在很短时间内能够在剩余的 CPU 上继续正常运行，实现系统自适应降级运行，从而确保关键任务计算的正确性，并且隔离错误 CPU，保证系统的可靠性。

此外，基于开放系统架构，符合标准的软件模块和硬件模块可以在不同火箭型号之间平滑迁移、无缝接入和灵活重用。

针对不同的空间任务，需要对火箭的软硬件资源进行动态组织、调度和重构，并且需要进行大量的在线飞行智能信息处理和实时数据处理，因此，软件定义火箭的软件密集度也将与日俱增。

4.2　云态化系统架构平台

为了确保火箭各种智能控制技术的实现和火箭信息机能不断增强，近些年来，通过云态化系统架构平台、分布式软总线、嵌入式实时操作系统、微服务化软件应用框架等典型技术和产品，探索了软件定义火箭的实现途径。

4.2.1　架构设计考虑因素

通过云态化的系统架构平台，统筹硬件架构、软件架构、系统信息资源管理，实现高效、灵活、可配置的应用服务基础平台，用于承接各种智能控制和信息机能需求。

4.2.1.1　硬件架构设计

（1）计算资源需求

首先结合未来火箭对智能控制系统的需求，对云架构的基础硬件平台开展选型。从算力/功耗比出发进行优选，拟采用"多元异构"的计算架构作为云架构的基础算力资源，以此为基础按照标准化、集成化的要求构建计算资源硬件平台。

（2）通信资源需求

从控制系统的交互场景的用户需求出发，分析"云态化"对于高速通信总线的需求，选择具备高传输带宽、拓扑结构灵活、成熟度高、低误码率和高可靠冗余信道设计、实时性高、传输时间确定可控、软件接口友好特点的总线。

（3）拓扑结构

依据控制系统的整体拓扑构型方案，从当前机内叠板和插板两类构型，以及机外对等、主从、交换三类典型构型出发，选择支持双环拓扑网络、交换拓扑网络，以及双环/交换组合拓扑的网络构型，能满足设备间通信以及设备内板卡间通信带来的各种拓扑架构需求。原则上若整机采用插板式（包含 VPX）结构，则采用交换式拓扑结构；若整机采用叠板式结构，则采用交换加环混合拓扑结构。

4.2.1.2　软件架构设计

软件架构是一系列相关的抽象模式，用来指导大型软件系统的设计。云软件架构设计模式就是引入分层和抽象的思想，然后将基础服务层（IAAS）、业务平台层（PAAS）、软件服务层（SAAS）通过不同的软件平台来实现，最终达到云化模型。分层是基于抽象来进行的，为了实现分层的目的，需要进行抽象化的设计，主要包括硬件平台抽象层设计和操作系统抽象层设计。

（1）硬件平台抽象层设计

硬件平台抽象层设计是为了隔离硬件平台的差异化，解除软硬件的耦合性关系，从而提供一个与具体硬件无关的编程接口，便于不同硬件平台间快速移植。

在常用设计中，操作系统将具体硬件映射为计算资源、通信资源、存储资源、外设资源，进行分类管理。

（2）操作系统抽象层设计

操作系统抽象层设计是为了隔离下层的不同操作系统，从而提供一个与具体操作系统无关的统一的接口，便于上层应用软件在战星、Linux 等不同操作系统之间快速移植。基于 POSIX 接口标准，将操作系统抽象为提供任务管理、任务间通信、任务同步与互斥、中断处理、时间管理、内存管理等功能的一组 API 接口。

4.2.1.3　信息资源管理

（1）计算资源管理

①计算资源调度

调度器是计算资源管理的核心。通过恰当的调度机制和高效的调度策略保证系统负载平衡，将任务分配到系统的各个处理器内核上，合理发挥平台的性能，没有过度空闲/过载，提高整个系统的吞吐量，是调度器的目标。

针对计算资源的调度需要进行调度器的合理设计，从调度队列模型和任务调度策略考虑。调度队列模型主要有全局队列模型、局部队列模型、混合队列模型。任务调度策略主要有 FCFS、优先级调度、时间片轮转。综合实时性和灵活性的特点，初步采用基于优先级的混合队列模型进行调度器的设计。

②异构计算资源管理

随着控制系统算法复杂度的提升，对系统的计算能力需求也越来越高。为提升系统算力，引入了 FPGA 作为计算扩展资源，形成嵌入式异构多核计算平台。

为加强对异构平台的管理能力，将硬件计算逻辑抽象为硬件任务。在硬件扩展单元上提供类操作系统扩展功能，提供统一通信接口、任务建立与运行等，使扩展单元上运行的硬件任务能够使用与软件任务相同的抽象方式实现调度和通信等功能。

（2）通信资源管理

云模型中存在着不同类型的通信总线、通信协议等，为了满足嵌入式云系统中的实时、可靠的数据传输需求，需要解决平台片/机内外的不同通信类型的实时数据传输问题，实现高度可扩展的系统间透明传输。

基于通信资源间的透明传输技术，对通信机制进行透明传输优化。在数据交互过程中，作为一个通信节点不用关心下层的通信方式和通信协议，只需将待传输的数据内容利用相关的 API 进行打包，系统基于软路由的方式实现核间、核内不同类型数据、总线通信的统一处理和分发，从而形成对系统中多种通信资源和通信协议的支持，并具有高度的可扩展性。

（3）存储资源管理

现在常用的内存使用方式是程序可以直接访问物理内存，一段代码对全部可用物理内存具有自由的访问权限，这样存在非关键任务程序篡改关键任务地址数据的可能性，严重时甚至造成系统的崩溃。

为增强系统可靠性，运用基于内存隔离的安全分区技术，将系统需要隔离的模块放入不同的分区中，关键任务和非关键任务隔离开，通过内存保护、访问控制，使得错误被局限在出错的分区中，从而不会影响到其他的健康分区，起到隔离故障分区的作用。

4.2.1.4　系统设计原则

系统设计应遵循可靠性原则、智能化原则和经济性原则开展。

（1）可靠性原则

在火箭研制过程中，始终将可靠性和安全性设计放在首位，将可靠性和安全性设计贯彻于火箭控制系统全生命周期；坚持"一度故障工作、二度故障安全"原则，充分利用降额设计、冗余设计、隔离设计、环境适应性设计等措施，提升控制系统固有可靠性和安全性；采用基于智能算法的故障诊断、功能重构、自主恢复等技术，保证火箭在飞行过程中出现故障时，可以通过补救措施，提高系统的抗毁性，尽最大可能完成任务。

（2）智能化原则

探索采用光栅传感器等先进传感器设备，为智慧决策提供全面真实的数据支撑；采用基于光纤总线、无线通信等技术的高速通信方式，实现海量数据的快速传递，为任务迁移、云架构、硬件资源共享等技术应用提供安全可靠的高速通信链路；针对具体应用需求，科学应用软件硬件化和硬件软件化技术，IMA（Integrated Modular Avionics，综合模块化航电系统）和 DIMA（分布式航电系统）电子架构，实现最大集成度、小型化、高性能，为数据处理和智能算法应用提供算力与存储支撑；针对地面测发控系统和箭上飞行控制系统硬件资源差异和特点应用相关智能技术，通过智能技术的综合应用全面提升火箭智能化水平，减少全生命周期成本资源消耗。

（3）经济性原则

从软件定义设计思想出发，建立标准统一的系统各层交互界面，通过标准化、模块化减少产品边际成本，降低研制成本和产品成本，提高软件定义火箭的经济性；不追求单项指标的最优，追求总体性能最优。在综合权衡的基础上，确定适当的火箭智能控制系统主要指标和技术方案；在具体实施过程中，系统和单机研制各阶段坚持技术经济一体化，将经济性设计理念渗透到各产品的开发中；充分利用软件定义火箭开放式平台，在系统功能变更和升级改造过程中，缩短改造周期，降低改造成本，实现火箭智能控制系统的低成本、可持续优化。

4.2.2 云态化控制系统架构

支撑软件定义火箭的实现，需要设计出适应性强、资源利用率高、安全可靠的层次化、软硬件一体化方案，从而实现对控制系统智能技术应用的平台基础支撑。传统火箭的功能围绕硬件单机设备展开，而新需求要求火箭的功能以服务呈现，其基本需求就是功能需求与特定硬件的"解耦"。图 4 - 2 所示为云态化系统架构与传统架构的区别。

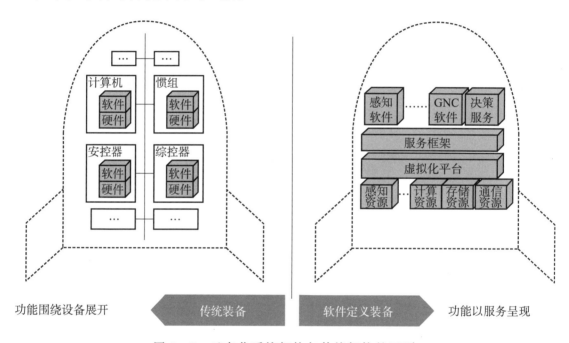

图 4 - 2 云态化系统架构与传统架构的区别

云态化的系统设计，通过建立层次化的系统架构将应用与平台分离，将框架与底层分离，将计算资源和外部设备分离，打破计算资源与实际设备的绑定关系，将计算资源抽象并重新定义。标准云架构分为三个层次，IAAS（Infrastructure as a Service）、PAAS（Platform as a Service）、SAAS（Software as a Service）。在此层次结构下，每一层专注每一层的工作，层与层之间有标准的接口，各自的变化互相不会影响，每一层可以形成独立的产品平台，单机、配置项的概念逐渐模糊，取而代之的是服务。"软件定义火箭"的整体设计参考上述层次结构，如图 4 - 3 所示。

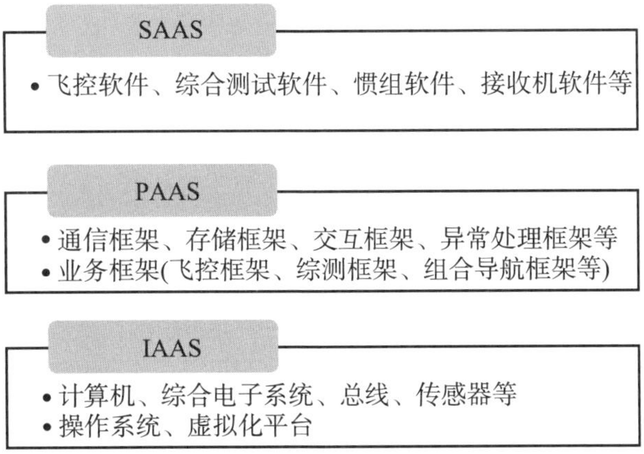

图 4 - 3　"软件定义火箭"层次结构图

IAAS 层是云的基础服务层，本层的主要组成部分是嵌入式操作系统和在其管理之下的各种硬件资源。基于实时操作系统向下可以对底层硬件平台进行资源管理和调度，解除软硬件的耦合关系，并向上提供友好的编程接口（API）。基础服务层的关键要素是根据系统的实际需求进行硬件资源选择，对不同的处理器（CPU、FPGA、DSP、GPU）、通信资源（Glink、TTE、1553）等进行特点分析，从而选择出最适合系统需求的底层硬件环境，采用硬件平台抽象、异构资源管理技术，形成对计算/通信/存储资源的管理能力，解除软硬件耦合关系，使用户和应用软件开发人员无须关注硬件细节，架构、应用软件和硬件可同步开展设计，通过实时操作系统完成对资源的管理，并向上层提供 API 形式的资源调度软件接口。

PAAS 层是服务框架层，由基础的运行框架和目前标准的应用或配置项提供统一的服务框架组成。基础运行框架包括对各种信息资源的统一管理，包括存储资源、计算资源、通信资源等，典型产品例如分布式总线、分布式存储管理、应用任务调度框架等。图 4 - 4 所示为 PAAS 服务框架层的一个示意图，核心部件为分布式实时软总线。

针对具体的应用领域，服务框架层还提供标准的应用框架，例如针对箭上具体的软件配置型，面向飞行软件、综合测试软件、组合导航软件等典型应用的业务框架，打破原有配置项的限制，具备规格化测试流程调度引擎设计驱动的快速迭代设计能力。

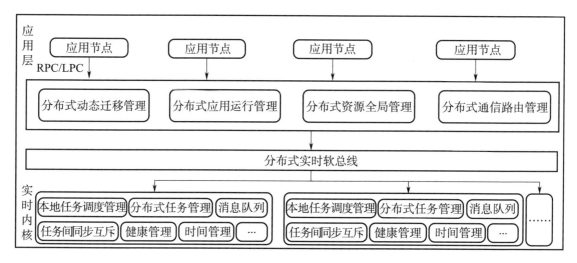

图 4 - 4   PAAS 服务框架层示意图

SAAS 层是业务平台层，该层提供基础功能软件以及标准的可扩展软件接口，整个控制系统软件功能将通过不同的类 APP 业务组件加载并整合在这层。

依托综合化的计算机平台或群组为全系统提供计算资源，各软件（业务）可以通过虚拟平台使用被分配的资源；各层使用统一的接口、统一的框架，对同一需求使用同一套标准化服务，进而将单机与配置项整合成为一个统一的系统；各层技术可以独立进化，加速技术创新的进程。

运载火箭以云态化系统架构实现技术、高可靠强实时操作系统、分布式实时软总线等技术为核心支撑，以及基于模型的软件研制模式，实现了"软件定义"的火箭智能控制系统。

4.2.3   分布式实时软总线

分布式实时软总线是当前一项实现异构系统之间快速访问的关键技术，可以屏蔽各个异构平台（包含软件和硬件）的差异，对应用者提供统一的标准通信接口，只需要关注业务本身的研究与开发，不需要感知具体平台的异构性。

系统中的软件已经按照模块划分，模块运行在哪个硬件资源由系统统一管理，模块之间的交互需要抽象成虚拟的消息接口，当模块发生硬件资源的迁移时，软件层面模块和模块的交互接口是无感的，这样才能支撑运行在火箭云平台上的软件，发生任务迁移后，软件仍可正常工作。

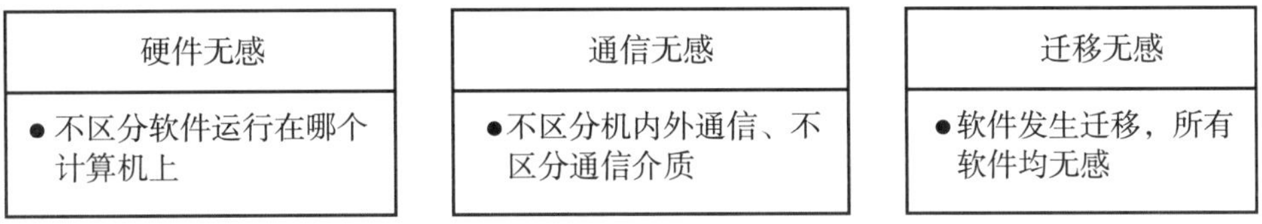

硬件无感	通信无感	迁移无感
●不区分软件运行在哪个计算机上	●不区分机内外通信、不区分通信介质	●软件发生迁移，所有软件均无感

图 4-5　软总线特性

分布式实时软总线也属于分布式消息中间件（Distributed Message Middleware，DMM）。分布式实时软总线需要支持地面计算机的同时，支持箭上嵌入式计算机；运行在"软件定义"平台上的软件按照模块划分为可独立运行的最小单元，作为后续可迁移的完整整体，该模块命名为 Job；可以运行 Job 的硬件资源为 Unit，例如一台计算机，见表 4-1。

1）每个 Job 具有唯一的身份标识，JobID；

2）Job 之间的通信分为本 Unit 通信和跨 Unit 通信两种，Job 之间通过 JobID 实现通信，Job 不关注运行在哪台 Unit；

3）Job 在不同的 Unit 发生迁移后，不影响 Job 中的软件接口，软件对任何 Job 的迁移无感。

表 4-1　分布式消息中间件的模块划分

功能模块	功能描述
Job	每个模块为可独立运行的最小单元,作为可迁移的完整整体,具有系统级唯一的标识 JobID
Unit	可以运行 Job 的硬件资源。系统级唯一的标识 UnitID,UnitID 可以通过 IP 地址或者站点号映射
UnitCommMap 表	用于管理 Unit 之间的真实通信链路,为本 Unit 可见资源
JobUnitMap 表	用于管理所有 Job 运行 Unit 的分布情况,为系统级全局可见,支持动态更新接口

基于软总线的分布式系统架构如图 4-6 所示，分布式软总线上挂接的应用为一个节点，每个节点无须关心和其他节点的通信方式和通信协议，只需利用软总线提供的标准 API 将数据和目的位置进行打包，系统根据路由表将数据发送到指定位置，并支持在分布式系统间动态迁移任务而造成的位置不定情况的数据交互，也为分布式系统的任务迁移及动态容错打下基础。

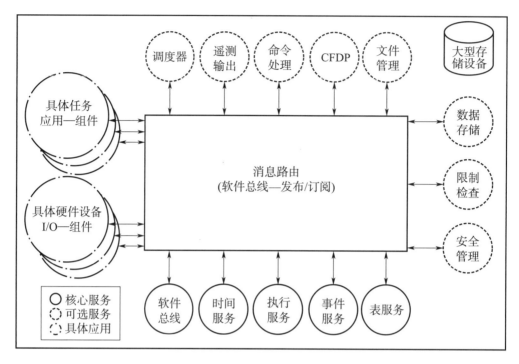

图 4-6 基于软总线的分布式系统架构图

传统软件需要知道自己运行在哪个计算机上，与其通信的软件运行在哪个计算机上，之间的接口方式是哪些。具体工作流程如图 4-7 所示。

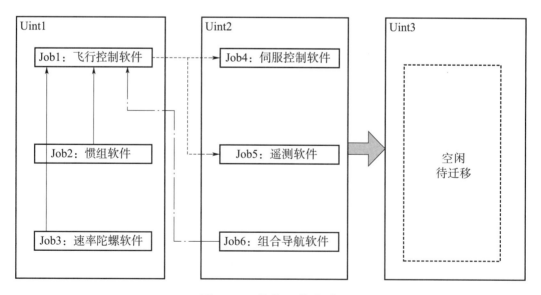

图 4-7 传统通信方式

Job1、Job2、Job3 三个 Job 分别运行在 Unit1 上，当 Unit1 异常时，将 Job1、Job2、Job3 迁移到其他 Unit 上，例如 Unit3 上运行，通过分布式消息中间件，可实现不修改 Job1，Job2，Job3 的代码，所有功能均能正常工作。具体工作流程如图 4-8 所示。

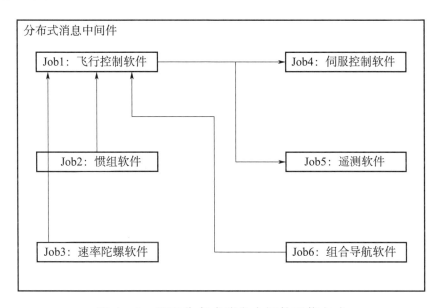

图 4-8　基于分布式消息中间件通信方式

通过分布式实时软总线实现软件与硬件的解耦、软件之间解耦、软件与接口解耦，系统只关注软件之间的逻辑关系。系统带来的变化如图 4-9 所示。

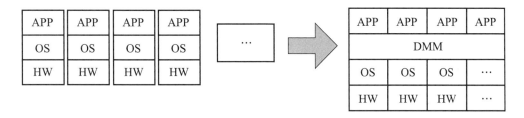

图 4-9　系统带来的变化

针对项目需求，分布式软总线的库可以运行在地面计算机上，也可以运行在箭上微内核计算机上，提供标准的分布式消息接口函数，包括注册、发送、接收主要功能。其通用应用场景如图 4-10 所示。

分布式实时软总线架构采用如图 4-11 所示的架构设计。

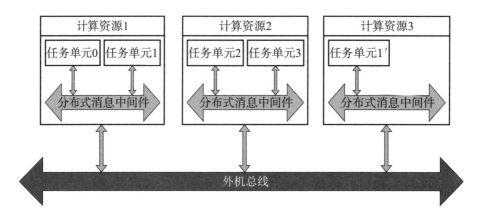

图 4 - 10 应用场景分析

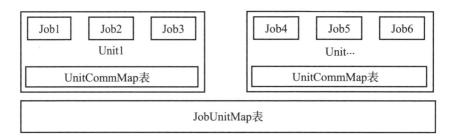

图 4 - 11 分布式实时软总线架构图

由此设计的分布式软总线节点间通信流程如图 4 - 12 所示。

1）Job 的创建：注册 JobID、创建独占式消息队列、建立 Map（JobID→MsgID）。

2）UnitManage：建立 Map（JobID→UnitID）、实现 Unit 之间的同步。

3）本机消息：对消息中的 DstJobID 解析，通过 Map（JobID→UnitID）判断为本 Unit，通过 Map（JobID→MsgID）查找对应的 MsgID，发送到对应的消息队列中。

4）跨机消息：对消息中的 DstJobID 解析，通过 Map（JobID→UnitID）判断为跨 Unit，每个 Unit 只有一个 RemoteControl，负责通过 Unit 之间通信接口表，查找到对应的 Unit 并发送，每个 Unit 的 RemoteControl，负责接收其他 Unit 发送过来的 Job 消息。RemoteControl 解析消息中的 JobID，通过 Map（JobID→MsgID）查找对应的 MsgID，发送到对应的消息队列中。

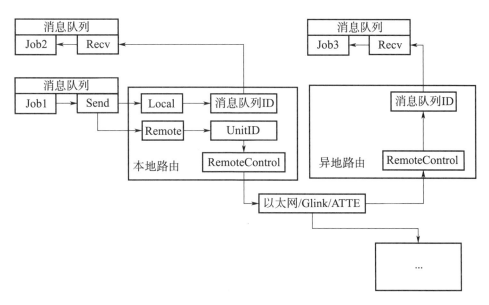

图 4 - 12　Job 间通信流程图

Manager 层面消息格式定义，如果 Unit 之间的接口采用以太网格式，接口封包格式采用表 4 - 2 所示格式的 UDP 通信模式。

表 4 - 2　消息格式定义

定义	含义
MsgType	消息类型
DstJobID	目的 Job 的 ID
SrcJobID	源 Job 的 ID
Len	长度
Data	数据内容

4.2.4　标准应用框架设计

（1）核心软件框架设计

结合航天飞行软件与多核对称处理器（SMP）硬件平台的特点，在操作系统抽象的基础上，设计实时软件框架，建立飞行软件领域模型与扩展机制，在框架层面上消除各个型号的差异。

框架抽象并实现嵌入式软件的大量公共服务任务，包括"即插即用"的软总线，基于优先级的任务调度、基于消息队列的任务间通信、发行—订阅模式、共享资源访问模式、系统时间服务等，为多种飞行软件提供底层支撑。

（2）规格化测试流程调度引擎设计

以"测试流程"为调度单元（线程），并提供统一的数据结构。应用层使用该数据结构定义一个数据对象并向框架注册，即创建了一个测试流程。测试流程中的一部分通过配置实现（属性类），一部分通过代码实现（逻辑类）。测试流程启动后，将由调度引擎统一管理。同时启动多个测试流程，从宏观角度上，可以达到测试流程"并行"的效果。

4.3　高可靠强实时箭上操作系统

运载火箭对各种新型智能控制方法的应用，导致控制系统软件复杂度极大增加，为了应对复杂性带来的软件问题，首先就要将软件任务与软件运行平台解耦，通过箭载操作系统及其编程接口标准化规范的建立，以及箭载高可靠、强实时操作系统的设计实现，来确保能为运载火箭的复杂控制任务提供符合需求的应用环境。操作系统（OS）在整个智能系统中的核心地位如图 4 - 13 所示。

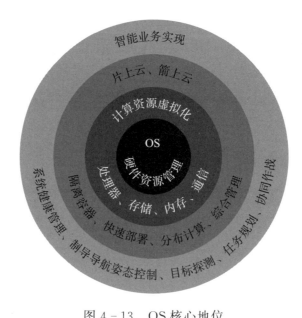

图 4 - 13　OS 核心地位

4.3.1　箭载操作系统及其编程接口设计标准规范

箭载操作系统及其编程接口设计需要在建立设计标准的基础上，推动应用层软件的统一化、多样化发展。此标准内含抽象后的软件行为逻辑，通过向上层应用提供框架级的接口来约束应用程序的实现方式，达到平台化、统一化的目的。在此标准下设计的操作系统功能完备、应用层软件能被合理重用，提高了操作系统的统一性和应用层软件的可复用性，从而实现箭载操作系统及其应用组件的体系化、标准化发展。

1）箭载嵌入式操作系统的架构设计规范，包括任务管理、任务调度、任务间通信管理、时间管理、中断/异常管理、多平台支持管理、核间通信、内存管理、设备管理功能要求规范。

2）箭载嵌入式操作系统的编程接口规范，包括任务管理应用编程接口、任务间通信管理编程接口、内存管理编程接口、设备管理编程接口、时间管理编程接口、中断管理编程接口、附加用户可扩充编程接口要求规范。

随着航天型号软件越来越复杂，箭上多核、多处理器平台以及多任务、分布式软件系统发展趋势明确，操作系统在箭上产品的使用迫在眉睫。国际上 LynxOS、QNX 等操作系统能够满足型号要求，但禁运风险明显并且可能存在安全性隐患；国产操作系统在高可靠、强实时、易用性等方面存在差距，推广使用困难。基于控制系统发展、硬件技术发展、通用化发展、平台化发展、智能自主发展的需求，并结合当下的软件研制模式，制订一套适用于型号研制和应用的嵌入式实时操作系统设计及编程接口标准，可以有效地提高型号软件研制的通用性、可移植性、可扩展性，推进国产操作系统的发展。

（1）任务管理与调度功能及接口要求

操作系统具有把工作划分为任务并进行多任务管理的能力，能够为这些任务分配栈空间，制定优先级，每个任务提供以下 3 种状态：就绪态、运行态、挂起态（等待某一事件发生）并保证任务在各状态间正确切换。采用可剥夺型内核，以保障最高优先级的任务一旦就绪总能得到 CPU 的控制权。由于采用可剥夺型内核，必须支持可重入型函数。当发生任务切换时，内核需要负责保存正在运行任务的当前状态（CPU 寄存器中的全部内容）在任务的栈区中。入栈工作完成以后，就把下一个将要运行的任务的当前状况从该任务的栈中重新装入 CPU 的寄存器，并开始下一个任务的运行。

任务的优先级应提供静态优先级和动态优先级两种分配方式以适应多种情况的要求。静态优先级应用程序执行过程中诸任务优先级不变。在静态优先级系统中，诸任务以及它们的时间约束在程序编译时是已知的。动态优先级任务的优先级是可变的。如采用动态优先级，实时内核应当避免出现优先级反转问题。

任务管理功能应具有以下功能及接口要求：

1）创建任务；

2）删除任务；

3）请求删除任务；

4）改变任务的优先级；

5）挂起任务；

6）恢复任务；

7）获得有关任务的信息；

8）计算任务堆栈使用量；

9）任务调度功能；

10）获取任务名功能；

11）设置任务名。

（2）任务间通信功能及接口要求

实时操作系统的任务间通信功能提供透明的、任务到任务的消息传输。消息传输的基本过程是：

1）发送任务调用消息块申请函数向微内核申请消息块，并在消息块中写入需要发送的数据和接收任务的 ID，调用系统的发送函数，把消息发送出去；

2）调用发送函数后，消息块被微内核接管，微内核根据接收任务的 ID，把消息块投入接收任务的任务控制块（每个任务都有唯一的任务控制块，用来记录任务的运行状态和资源），如果接收任务此时处于接收挂起状态，就恢复其为就绪状态，并挂起发送任务，等待接收任务的回复；

3）接收任务调用系统接收函数，进入微内核，查询本任务控制块下是否有需要接收的消息块，没有则挂起，有则获取该消息块；从消息块中解析出发送任务的 ID，置回复标志，把发送任务从挂起状态中恢复，最后把消息块地址返回给接收任务；

4）接收任务得到消息块后，即可进行消息处理；处理完毕后，调用消息块释放函数，释放占有的资源。

（3）时间管理功能及接口要求

实时操作系统提供时间管理功能，用于任务延时、超时判断、获取系统执行时间等。时间管理功能是通过时钟节拍中断处理程序实现的。时钟节拍是特定的周期性中断，由硬件定时器产生，中断频率一般为 10～100 Hz。时钟中断频率越高，系统的额外开销就越大。因此应根据应用的需要设置合适的中断频率。包括：时钟中断处理、任务延时、取消任务延时、获取系统运行时间、改变系统时间。

（4）内存管理功能及接口要求

实时操作系统提供内存管理功能，包括内存分区管理，新建内存分区，内存块的申请、释放等。包括：新建内存分区、申请内存块、释放内存块、内存分区查询、内存分区管理初始化、设置内存分区名、获取内存分区名。

（5）多平台支持功能及接口要求

嵌入式实时操作系统依赖于具体处理器的部分有：与编译器相关的数据类型、与处理器相关的开关中断操作、堆栈增长方向、任务堆栈的初始化、系统附加接口、中断级任务切换过程、任务级上下文切换过程、时钟节拍中断服务、基于优先级的任务初始调度、浮点寄存器的保存与恢复。

基于上述分析，实时调度内核的移植应包括以下几个部分：

1）与编译器相关的数据类型的定义；

2）与处理器相关的开关中断的定义；

3）堆栈增长方向的定义；

4）任务堆栈初始化功能实现；

5）系统附加接口的实现；

6）中断级任务切换功能实现；

7）任务级上下文切换功能实现；

8）时钟节拍中断服务功能实现；

9）任务初始调度功能实现；

10）浮点寄存器的保存与恢复。

（6）核间通信功能及接口要求

针对多核国产处理器，实时操作系统提供核间通信服务用于多核间任务通信。核间通信 SDP（Session Description Protocol）协议用于 FT - QDSP 片上 DSP 核间快速小粒度数据交互及同步控制，包括共享存储体和同步控制逻辑。共享存储体用于传输数据，信号灯控制两个 DSP 核之间的同步。实时操作系统将 SDP 作为一个系统服务驻于内核中，核间任务需要通信时，任务先将消息发给 SDP 服务，SDP 服务将消息写到对应存储体，置信号灯，然后向目的 DSP 核发送核间中断通知其接收消息，目的 DSP 核响应中断从存储体读出消息再发给相应任务。

4.3.2　箭载实时操作系统设计与实现

基于箭载操作系统设计规范，进行操作系统的实际设计与实现，嵌入式操作系统最好的内部结构模型是一个层次性的结构，其最底层是内核，相当于一个倒置的金字塔，每一层都建立在较低层的功能之上，内核仅仅包含执行操作系统的最重要的核心功能，即：总体采用微内核架构设计，微内核只负责任务调度、任务管理、中断管理、任务间通信等基本功能，设备管理、协议栈等其他模块作为系统服务。OS 架构图如图 4 - 14 所示。

（1）箭载操作系统的多核任务调度技术

任务调度器是操作系统的核心。系统中多个任务可以真正并行执行，任务在各个处理器上如何分配、应该选择哪个任务运行的调度策略是多核调度器需要解决的两个主要问题。通过恰当的调度机制和高效的调度策略保证多核系统负载平衡，充分发挥多核的并行特点、提高整个系统的吞吐量，是多核调度器

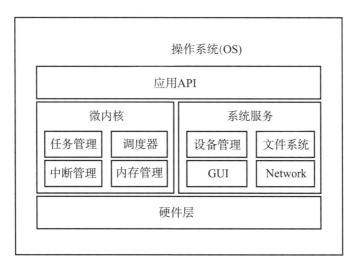

图 4 - 14　OS 架构图

的目标。具体而言,设计多核任务调度器需要从调度队列模型和任务调度策略两方面来考虑。调度队列模型主要有全局队列模型和局部队列模型。在任务调度策略上,已有的调度算法如 FCFS、优先级调度、时间片轮转、多级队列调度等均适用于多核系统。

①调度算法

多任务提供了一个较好的对真实世界的匹配,因为它允许对应于许多外部事件的多线程执行,系统内核分配 CPU 执行时间给这些任务来获得并发性。

OS 是强实时系统,它使用基于优先级的抢占式调度算法,保证优先级最高的就绪任务运行,每当有优先级更高的任务就绪时,则会发生任务抢占。图 4 - 15 示意了任务抢占的过程,该图中低优先级任务 1 运行时,高优先级任务 2 就绪,则高优先级任务 2 会抢占任务 1 运行,当任务 2 执行完主动放弃 CPU 后任务 1 继续运行。

OS 中,每个任务有唯一的优先级,其值可以为 0～255,而任务就绪表就是一个位图,位图中的每一位代表系统中的一个任务,该位的值(0 或 1)代表任务是否就绪,通过使用高效的位图(Bitmap)算法从就绪表中查找优先级最高的就绪任务,该算法时间复杂度为 $O(1)$,与就绪任务数无关。

图 4 - 16 为含有 64 个优先级的位图算法示例,位图 RdyTbl 为一个含有 8 个 char 型元素的数组,每个 char 型元素的每一位代表一个优先级,共 $8 \times 8 =$

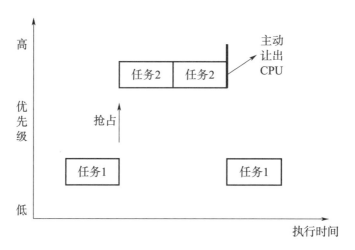

图 4 - 15 基于优先级的任务抢占示意图

64 个优先级，RdyGrp 为 char 型变量，每一位对应 RdyTbl 中的一个数组元素，只要该数组元素某一位为 1 则 RdyGrp 中的对应位置 1。先用 RdyGrp = 138 查索引表得 $y = 1$，再用 RdyTbl [1] = 42 查索引表得 $x = 1$，则最高优先级为 $n = y \times 8 + x = 9$。

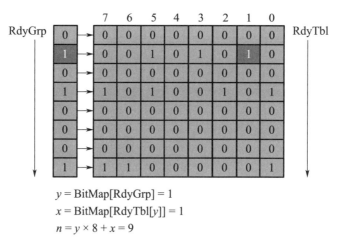

$y = \mathrm{BitMap}[\mathrm{RdyGrp}] = 1$
$x = \mathrm{BitMap}[\mathrm{RdyTbl}[y]] = 1$
$n = y \times 8 + x = 9$

图 4 - 16 OS 位图算法示例图（64 个优先级）

②调度执行

在能够执行的任务（没有被挂起或正在等待资源）中，优先级最高的任务被分配 CPU 资源，即当一个高优先级的任务变为可执行态，它会立即抢占当前正在运行的较低优先级的任务。

具体来说，OS 中的任务调度由任务调度器来执行，共分为两步：一是使用位图算法查找最高优先级任务；二是进行任务切换，即保存当前任务上下文和加载新任务上下文。OS 有两种调度器，一是任务级调度器，通过调用 schedule（）函数来完成；二是中断级调度器，在中断返回时执行。

每当进行系统调用，例如延时、任务挂起等函数时就会导致 schedule（）函数的调用，如果有更高优先级任务就绪或者是当前任务主动让出 CPU，就会发生任务切换。中断返回时，如果有更高优先级任务就绪也会发生任务切换，否则返回中断前任务继续执行。

下面再结合任务状态转换图描述任务调度时机。

图 4-17 展示了 MARS OS 中的任务状态转换图，每个任务有 5 个可能的状态：就绪状态、运行状态、等待状态、挂起状态、中断服务状态。任务创建完后处于就绪状态等待调度，每当调度器从就绪队列中选出一个任务并执行，该任务就变为运行状态。运行中的任务需要等待某一事件或延时则会进入等待状态，当等待事件已到时就从等待状态变为就绪状态。运行或就绪中的任务也可以执行挂起操作而进入挂起状态，挂起中的任务执行恢复操作就进入就绪状态。当有中断到来时，运行中的任务就被打断而进入中断服务态，中断服务完后如果当前任务仍然优先级最高则恢复运行，否则该任务就会被抢占转为就绪状态。

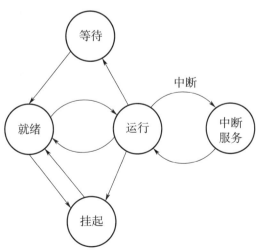

图 4-17　MARS OS 任务状态转换图

当运行中的任务执行系统调用，而导致任务状态改变或者新的任务就绪时，就会调用 schedule（）函数进行任务级调度，在执行完中断服务程序退出中断时，内核会执行中断级调度。任务调度流程如图 4 - 18 所示。

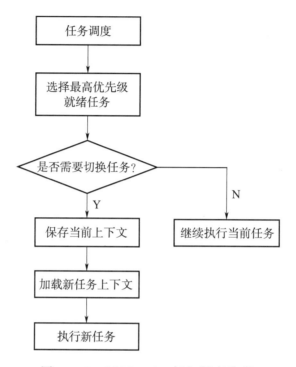

图 4 - 18　MARS OS 任务调度流程

（2）箭载操作系统的同步与互斥技术

OS 中针对共享资源、临界区的互斥保护，提供了调度锁与中断锁两种互斥机制。调度锁是通过给调度器加锁，禁止更高优先级任务的抢占来实现任务与任务之间的互斥，此时中断依然是可以响应的。如果在中断服务程序中也需要访问共享资源，那就需要使用中断锁来实现任务与中断之间的互斥，中断锁使用关中断进入临界区，开中断退出临界区。使用中断锁时，无法响应中断，会影响系统的实时性，因此临界区操作时间应尽可能短。

在一个实时操作系统中，可能有许多任务作为一个应用的一部分执行，系统必须提供这些任务之间的快速且功能强大的通信机制。内核也要提供为了有效地共享不可抢占的资源或临界区所需要的同步机制。

OS 使用了一种支持分布式系统的透明进程间通信（IPC）机制，该 IPC 机制基于进程 ID 号进行消息传递，统一了操作系统内部进程间通信和跨操作系统进程间通信。

进程间通信架构如图 4-19 所示，从图中可以看出该进程间通信架构分为三个层次：

1）应用程序接口层，将操作系统内和跨操作系统进程间通信封装，给应用层提供统一的 IPC 发送、接收接口，同时负责同步、异步消息处理；

2）路由层，对目的进程地址解析，进行 IPC 消息路由；

3）数据链路层，维护多处理器之间的物理通信链路，保证消息的可靠传输。

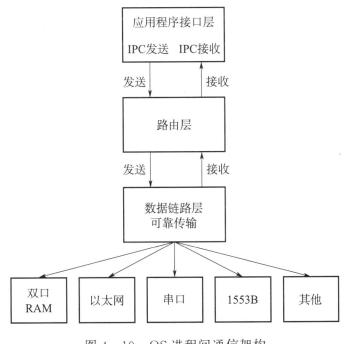

图 4-19　OS 进程间通信架构

透明进程间通信示意图如图 4-20 所示，系统层对用户而言是封装的，可视之为黑盒，因此操作系统内部 IPC（虚线框 I）和跨操作系统 IPC（虚线框 II）从用户的角度看是完全一样的。

真实世界的事件通常作为中断方式到来，操作系统内核需要对操作系统进行管理，实现任务与中断的合理切换。

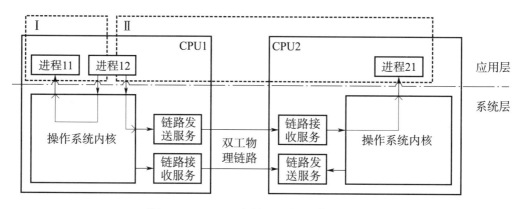

图 4-20　OS 透明进程间通信示意图

OS 实现了高效的中断管理机制，通过很小的中断延迟、允许中断嵌套等保证系统的实时性。中断处理使用与任务堆栈相独立的中断堆栈，提高可靠性。内核中断处理流程如图 4-21 所示。

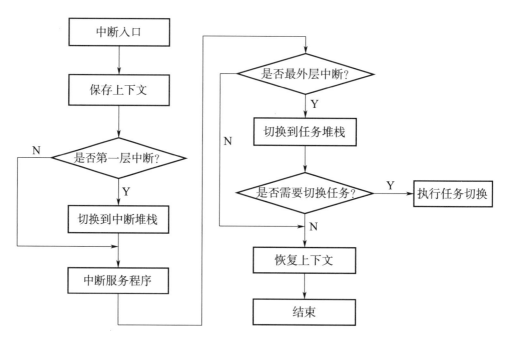

图 4-21　MARS OS 中断流程图

（3）箭载操作系统的内存分区技术

为提高软件的可靠性，需利用操作系统实现实时分区技术。软件分区分为操作系统分区和应用分区。操作系统内核、存储软件、通信诊断软件、外设与 I/O 控制等基础软件模块执行在一个可信的、处于特权模式的操作系统分区中。应用层软件部件被划分到不同的分区中，一些分区属于不可信的、非特权模式的应用分区，而另一些分区与操作系统一样，也处于可信的、特权模式的内存分区。

为提高软件的可靠性和安全性，为操作系统级别的健康管理打下基础，对箭载操作系统的内存管理的实时分区进行实现。操作系统的分区是将系统需要隔离的模块放入不同的分区中，通过内存保护、访问控制，使得错误被局限在出错的分区中，从而不会影响到其他的健康分区。

操作系统的内存管理分为系统内存管理和应用内存管理两个部分。系统内存和系统配置空间由 CPU 自动映射，不需要单独使用 MMU 进行映射，因此系统内存只需要通过链接配置进行相应的地址划分，由编译链接工具进行地址分配。应用内存空间由操作系统统一进行管理，内存管理模块提供接口让操作系统进行新建内存分区块、设置内存分区名、获取内存分区名等操作，如图 4 - 22 所示。

图 4 - 22　应用内存管理

为实现内存分区块之间隔离，内存管理模块通过 MMU 将分区限定在不同的区域运行，保证内存分区的空间隔离性，内存分区块隔离通过下列步骤实现：

操作系统分配各个分区的 RAM 空间，将各个分区内存分配在不同的物理 RAM 地址；进行映射保护，让分区内存只能访问自身的 RAM 空间，其他空间对分区不可见。内存分区块隔离如图 4 - 23 所示。

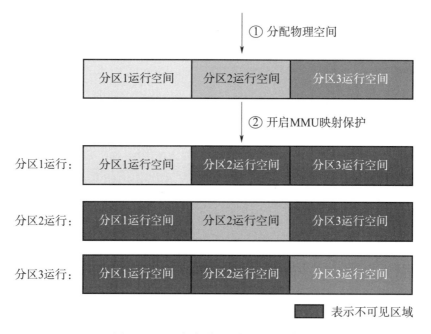

图 4 - 23　内存分区块隔离示意图

通常来讲每一个分区都有单独的内存区域，但是在某些特殊情况下，需要两个或者多个分区使用同一块内存区域，为减小系统重新建立 MMU 页表的开销，约定所有的分区内存起始地址使用相同的虚拟地址。

操作系统微内核架构具有宏内核操作系统所不具备的优势，其代码规模极小同时任务故障不会导致内核的崩溃，能够很好地支持火箭的高可靠应用环境；系统的任务上下文切换时间能够达到微秒级，能够很好地支持火箭的强实时应用环境；进程间通信功能（IPC）采用透明传输处理方式，对于多核及多处理器可以无缝处理，具备良好的分布式及虚拟化基础，可以提供初步的云架构；可以对整个系统的 CPU 负载率、任务运行时间、任务堆栈使用量、IPC 使用量等系统健康信息进行动态收集，具备拓展健康管理的能力。

4.4　软件定义火箭控制系统探索实践

4.4.1　面向软件定义的控制系统云平台设计实现

控制系统云平台是一种硬件资源化、资源服务化、服务功能化，具备计算集中、软硬件解耦、负载均衡、高速实时通信特点的新一代火箭软硬件一体化综合电子系统架构。该架构平台对用户具备资源虚拟化、软件服务化的能力以及动态迁移重构能力。

该平台完整实现了 IAAS 基础服务层、PAAS 服务框架层、SAAS 业务层三个层次的架构，采用自主可控的高可靠强实时分布式操作系统在基础服务层实现硬件资源抽象管理，采用实时软总线在框架服务层屏蔽不同通信介质的差异性，提供统一化的通信管理机制，构建服务框架和 APP 市场，在业务层提供应用的货架产品。

（1）高可靠强实时分布式操作系统

对单机嵌入式操作系统进行了改进，增加对混合异构嵌入式平台的适配，突破硬件平台抽象、异构资源管理技术，形成对计算/通信/存储资源的管理能力，突破了内存资源安全隔离技术，如图 4-24 所示，解除软硬件耦合关系，使用户和应用软件开发人员无须关注硬件细节，架构、应用软件和硬件可同步开展设计。

软硬件解耦，隔离硬件差异，提供统一软件接口；具备混合异构平台管理能力，支撑 CPU+DSP+FPGA+AI 芯片等的异构资源调度分配，如图 4-25 所示。

（2）高速实时软总线产品

在高速总线的基础上，建立系统云态化和资源共享的通信基础，总线带宽超过 3 Gbps、灵活拓扑混合组网，支持各层级总线一体化，建立数据高速基础路网，支撑系统云态化和资源共享特性的高速互联需求（图 4-26）。

屏蔽不同硬件总线的差异性，为应用提供标准的通信接口；将功能与通信完全解耦，在高速总线的基础上，建立系统云态化和资源共享的通信基础，如图 4-27 所示。

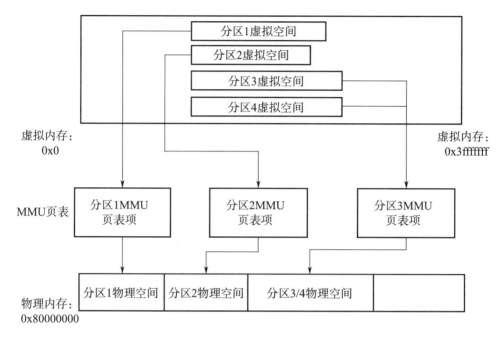

图 4 - 24　内存资源安全隔离示意图

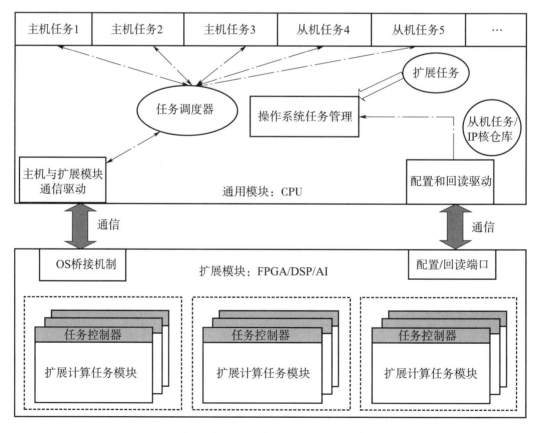

图 4 - 25　分布式操作系统调度

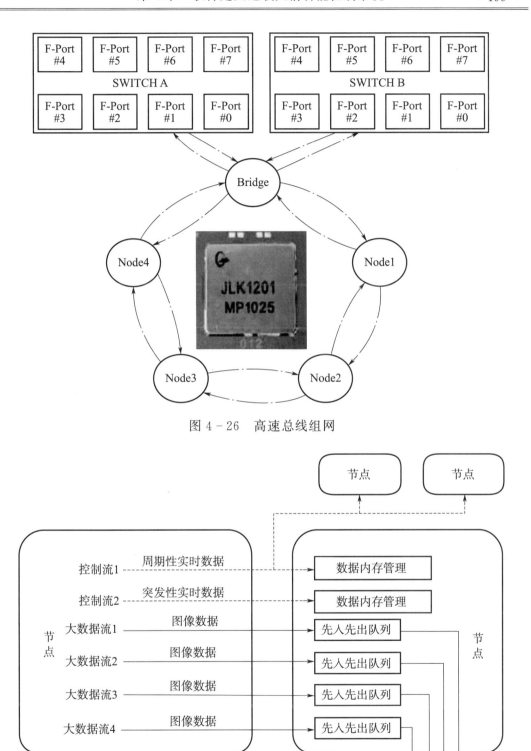

图 4 - 26　高速总线组网

图 4 - 27　高速实时软总线

（3）服务框架和应用模块市场开发

开发了飞行控制相关的标准框架产品，具备简单二次开发即可形成能力，并将常用算法模块进行封装，形成类 APP 市场式的安装式集成（图 4-28）。

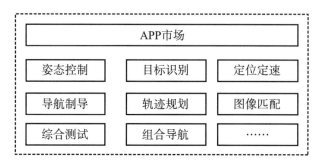

图 4-28　软件市场

4.4.2　控制系统云平台系统功能验证

4.4.2.1　地面模拟飞行功能验证

利用 ZYNQ7000 为核心的硬件平台及其运行的软件平台进行相关技术验证，系统架构映射如图 4-29 所示，通过片上 SoC 和外设实现计算/存储/通信资源管理能力的验证。

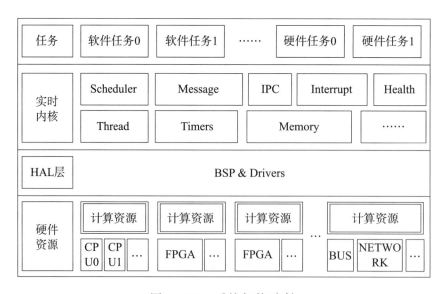

图 4-29　系统架构映射

（1）多核异构模型调度实验

在多核异构芯片上建立多个软件任务和硬件任务，任务在调度器的统一管理下运行。其中软件任务映射到多核 CPU 上，主要完成流程控制和部分计算；硬件任务映射到 FPGA 上，主要完成高性能计算。

调度器根据多核 CPU 上每个核心的运行情况在核间进行任务的动态迁移以保持整体负载均衡，根据流程的需求对硬件任务进行相应的启动/停止管理，并保证多核心下的共享资源的同步与互斥。

（2）多总线的透明传输实验

在多核异构芯片上建立多个软件任务和硬件任务，其中软件任务映射到多核 CPU 上，硬件任务映射到 FPGA 上，还挂接多种外设，它们之间构成了不同的数据交互通道，形成多样的通信资源和协议。

进行多总线的透明传输实验，演示上层任务无须关心和其他任务/外设的通信方式和通信协议，只需利用操作系统提供的标准 API 将数据和目的位置进行打包，系统根据路由表将数据发送到指定位置，并支持在多核 CPU 间动态迁移任务而造成的位置不定情况的数据交互，也为下一步片间任务迁移实验打下基础。

（3）内存分区隔离实验

在多核异构芯片上建立多个软件任务，将不同模块放入不同的分区中，关键任务和非关键任务隔离开。通过故障注入模式使非关键任务崩溃，并试图对关键任务的内存区进行读写操作，此时关键任务不受影响，正常运行；非关键任务停止运行，并在系统调度下重新启动。

（4）负载不均衡时任务迁移实验

在软件组件正常加载运行后，通过故障注入的方式，模拟其中一个核上任务运算量增加，导致占用 CPU 核心时间增加，其他待运行任务不能正常启动；此时另外 CPU 核心处于空闲状态。通过软件的自检测功能，检测到 CPU 核间负载不均衡，动态地将忙碌核上待运行任务迁移到空闲核上运行，系统实现负载均衡。

（5）故障情况下系统降级运行实验

在软件组件正常加载运行后，通过故障注入的方式，模拟其中一个核心异常的情况，通过健康管理的监测机制，检测异常的发生，动态地将异常硬件上运行的任务通过镜像仓库，自动迁移到其他正常的硬件计算资源上，系统降级运行。

功能演示验证如图 4 - 30 所示。

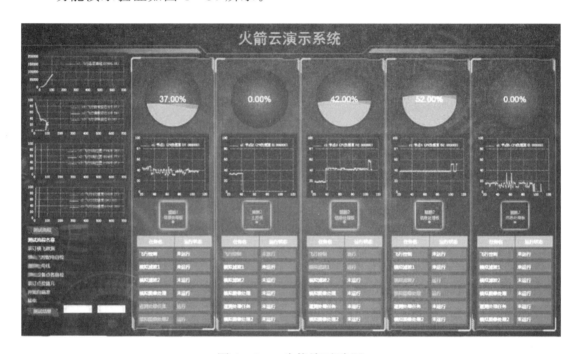

图 4 - 30　功能演示验证

4.4.2.2　飞行演示功能性能验证

依托自研平台完成火箭云平台系统的飞行试验，在飞行过程中，模拟一级飞行段节点故障后的迁移重构、二级飞行段节点故障后的迁移重构、再入飞行段的负载均衡。

整个飞行过程姿态和速度曲线能吻合预设曲线，试验圆满成功。飞行演示验证如图 4 - 31 所示。

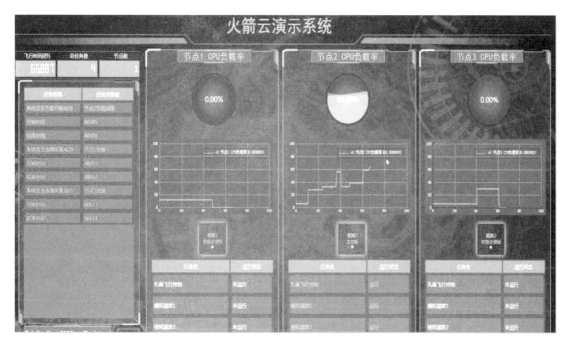

图 4 - 31　飞行演示验证

4.4.3　面向软件定义的软件研制模式转型

运载火箭智能特征、软件定义的航天装备为软件带来需求多样性、规模爆炸性、多学科交叉、高度互联、协作研发等特征，为软件的研制模式提出更大的压力，其中包括：

1）任务的复杂度超出了传统方法的处理能力；

2）基于智能的决策比传统控制更难验证；

3）碎片化的设计难以形成整体的智能；

4）知识和投入难以得到延续。

为了实现软件定义的火箭，控制系统采用基于模型驱动开发的软件研制模式。

完整的基于模型的系统工程（Model Based System Engineering，MBSE）软件开发的主要生命周期过程如图 4 - 32 所示，包括系统设计与软件设计两个阶段。系统设计阶段包括系统需求、系统设计、系统级接口设计与仿真验证等过程，形成软件任务书；软件设计阶段包括软件需求分析、软件架构设计、软件设计实现、软件测试验证等过程。通过对各工具链进行分析学习，初步选取 IBM 公司的 Rhapsody 软件、RTCASE、SCADE 工具集（主要包括 SCADE Architect、SCADE Suite、SCADE Test、ICD WORKBENCH 软件等主要模块），LDRA 测试验证工具集，搭配自研的辅助工具，形成工具链。

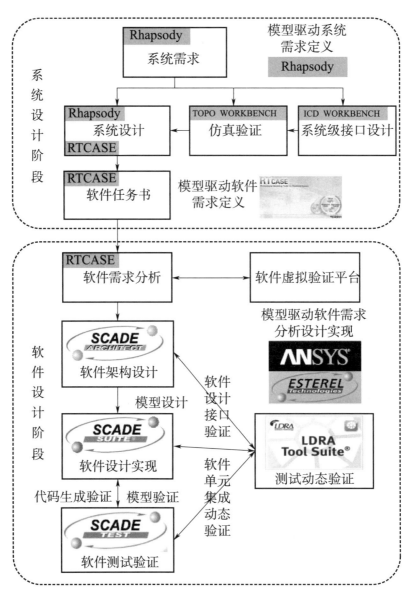

图 4-32　完整的基于模型的系统工程软件开发的主要生命周期过程

系统设计阶段使用 Rhapsody 软件开展系统层面的需求分析与设计，通过自研的 TOPO/ICD WORKBENCH 完成系统级接口设计与系统模型的仿真验证；通过与软件需求分析工具 RTCASE 的交互，完成系统到软件任务书模型的建立。

软件设计阶段，通过 RTCASE 完成软件任务书至软件需求模型的设计工作，利用软件虚拟验证平台进行需求模型层面的验证；软件需求进行转化后，转入 SCADE 工具集进行软件架构设计、模型验证、软件实现的研制过程；结合 SCADE 模型输出，使用 LDRA 测试工具集完成软件单元至集成的验证。

在完成 MBSE 基本平台建设后，逐步引入 SCADE 工具集中的界面设计工具 Display 以及安全性分析 Medini，保障软件设计通用化及高可靠性安全性的需求；基于模型的条目化属性与软件过程管理平台，覆盖 GJB5000B 以及 CMMI 等体系要求进行集成，形成软件全生命周期从模型设计实现到软件过程量化管理的工具链。

工具集成方案主要采用 Rhapsody＋RTCASE＋SCADE＋LDRA 的平台集成模式。总体来看，该建设方案与现有的基础结合较好。

这一方案技术通用性及平台扩展性较好，所使用工具均为国内或国外有大量工程实践基础的产品，有着广泛的用户基础和实践经验，同时航空相关单位已经走完了完整的技术流程，在部分领域的应用已具备了成熟的 MBSE 技术和管理相融合的过程改进全面解决方案。

通过多年的实践，我们打通了采用软件定义火箭的系统级解决方案，突破了云态化系统架构和若干以自主可控操作系统、软总线为代表的关键技术，实现了为火箭赋能，也为未来第五代、第六代火箭的研制，提供了专注业务、专注功能性能的高可靠平台产品。

4.5　小结

本章从实现运载火箭控制系统"智能赋能"和信息处理"机能增强"技术的需求出发，提出运用云态化系统架构技术，整合分布式实时软总线、高可靠强实时箭上操作系统、可重用应用服务框架技术，以统一标准接口、资源虚拟化高效应用为核心，探索实现了软件定义的火箭控制系统平台，进行了实际应用验证，初步具备了服务未来火箭智能控制需求的基础能力。

　　软件是承载智能能力的核心关键，软件定义火箭不仅仅是软件设计工作方法，更是进行复杂系统设计的工作方法，是用智能化的思路重新开展设计，包括产品的重新设计，以及产品研制模式的创新。

第5章 运载火箭智能控制系统发展

太空领域是当前及未来世界大国争夺的重要疆域，世界航天已进入以大规模互联网星座建设、空间资源开发、载人月球探测和大规模深空探测为代表的新阶段。如前文所述，经过 60 多年的发展，我国长征系列运载火箭已经形成了较为完备的产品系列，为我国载人航天、月球探测、火星探测等重大工程的顺利实施奠定了坚实的基础；美国太空发射系统（SLS）为重返月球已完成首次飞行，维珍银河、蓝色起源、SpaceX 等公司开启了人类太空旅游的先河。

伴随着未来人类对太空的依赖与日俱增，进入空间的需求正在快速增长，对航天运输系统提出了更高要求。世界航天强国正在持续提升航天运输系统性能，发展重复使用、智能化、信息化等航班化运输控制相关的关键技术，不断向航班化航天的运输迈进。为提高我国进入空间的能力，下一步将研制以新一代载人、重型为代表的第四代航天运输系统，解决重复使用等问题；攻关以航班化航天运输为代表的第五代航天运输系统，解决高效经济、自由进出空间等问题。以发展航班化航天运输系统为例，对航天控制技术带来了极大挑战。一是，要实现在狭窄动态的飞行管道下精准控制，保障航班化航天运输的安全飞行；二是，要在线快速规划飞行管道，实现航班化准时的、灵巧的在空间和地面的穿梭；三是，要构建全面的空间运营管理体系，实现对航班化飞行器协调、安全、高效的管理和指控。

面向以上任务新需求及挑战，需要对运载火箭进行更多原始理论方法创新与关键技术攻关，使火箭更"聪明"，其主要体现即作为"神经中枢"的控制系统更加智能，需要将智能赋能下的航天控制与信息技术更深度的融合，实现信息驱动下的航天智能控制。

模型上，未来信息驱动下航天智能控制系统可以用图 5-1 所示的"四环回路"表示，即姿控回路、制导回路、指挥决策回路、空间运营回路。

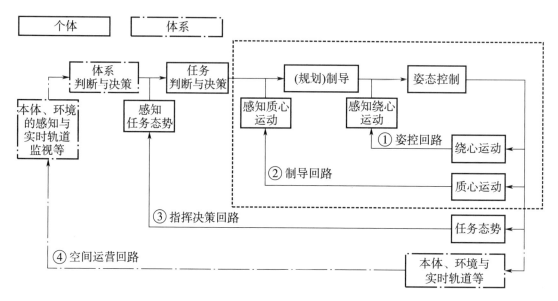

图 5-1　未来航天运输系统的多回路模型

可以进一步将其划分为三个层次，见表 5-1。

表 5-1　未来航天运输下控制系统三个层次划分

层次	环路划分	功能
第一层次	制导＋姿控回路	利用自身的控制信息，实现在动态、狭窄管道中的精准控制
第二层次	指挥决策回路	利用感知的环境信息与飞行器本体信息，实现对航班化运输飞行器的飞行状态决策
第三层次	空间运营回路	利用空间飞行器、碎片等的监控信息，实现对整个空间的体系化管理

　　随着信息技术与智能技术快速发展，智能控制系统将得到进一步增强，在更多源的信息输入、更高速的信息传输、更高效的数据处理基础上，为更大模型、更高智能算法提供更加坚实的平台。极大丰富信息来源，引入推进、结构等本体信息，以及力、热、电磁等环境信息，并进行深度融合处理，可进一步提升运载火箭智能控制系统对极端工况、故障等的适应能力。

　　在智能、机能层面，亟需要形成适应未来航天运输系统发展的控制系统架构（架构开放、扩展性好），夯实诸如密布动态空间下安全运行的运筹规划机理、多元异构的空间信息智能感知和融合理论、面向重复使用的智能控制理论、面向非致命故障的航天控制理论、边飞边学和终身学习的智能控制理论等为代表的基础理论，支撑新一代智能控制系统具备不确定性条件下态势控制的能力。在单体任务、群体态势、体系态势等各层级信息顺利流转的前提下，在感知、判断、决策的支撑下，使态势控制形成闭环，从单向地适应本体与环境拓展为相互影响下的适应合作与博弈；从个体控制拓展为空间体系控制。

最后，面向世界将迎来大规模进出空间的"航班化航天运输时代"，航天控制技术要把握这个机遇，夯实基础，坚持创新驱动发展，智能赋能、信息驱动，走出中国特色的航天运输系统发展路线！

参 考 文 献

［1］　何绍改．绕：探月的起步——九天揽月之二［J］．国防科技工业，2007，（8）：68－70.

［2］　邓智勇．我国商业运载火箭动力路线研究［J］．中国航天，2020（5）：43－47.

［3］　Bao W M，Wang X W. Develop Highly Reliable and Low－Cost Technology for Access to Space，Embrace the New Space Economy Era［J］．Aerospace China，2019，20（4）：23－30.

［4］　郑卓，禹春梅，等．运载火箭智能控制的能力特征与关键技术［J］．上海航天，2022，39（4）：52－57.

［5］　汤靖师，程昊文．空间碎片问题的起源、现状和发展［J］．物理，2021，50（5）：317－323.

［6］　杨华，凌永顺，等．空间飞行器对背景辐射的反射特性［J］．红外与激光工程，2002，3（4）：326－328.

［7］　何武灿，廖守亿，等．空间目标可视条件与可见光特性分析［J］．电光与控制，2015，22（5）：97－102.

［8］　钟宇，吴晓燕，等．星载红外探测器信噪比模型灵敏度分析［J］．红外技术，2014，36（7）：582－588.

［9］　李福昌，余梦伦，朱维增．运载火箭及总体设计要求概论（三）——运载火箭总体设计（续）［J］．航天标准化，2003（1）：41－45.

［10］　Arther E，Bryson J，Ho Y C. Applied Optimal Control［M］．London：Blaisdell Publishing Company，1969：1－39.

［11］　Ascher U M，Mattheij R M M，Russell R D. Numerical Solution of Boundary Value Problems for Ordinary Differential Equations［M］：Society for Industrial and Applied Mathematics，1995.

［12］　程晓明．基于凸优化的火箭轨迹自主规划方法研究［D］．北京：北京航空航天大学，2018.

［13］ Boyd S. Vandenberghe L. Convex Optimization ［M］. Cambridge：Cambridge University Press，2004.

［14］ 胡卫群. 自协和函数与多项式历时内点法 ［M］. 北京：科学出版社，2012.

［15］ Peng J，Roos C，Terlaky T. Self‐regularity：A New Paradigm for Primal‐Dual Interior‐Point Algorithms ［M］. Princeton University Press，2009.

［16］ Boyd S. Sequential Convex Programming ［EB/OL］. http：//www. stanford. edu/class/ ee364b/ lectures/seqslides. pdf. 2008.

［17］ 张中南，王富宾，等. 发展中的红外成像制导技术 ［J］. 飞航导弹，2006（1）：40 - 42.

［18］ 林武文，徐锦，等. 红外探测技术的发展 ［J］. 激光与红外，2006，36（9）：840 - 843.

［19］ 陈军，习中立，等. 碲镉汞高温红外探测器组件进展 ［J］. 红外与激光工程，2023，52（1）：1 - 7.

［20］ 王跃科，等. CCD 图像传感技术的现状与应用前景 ［J］. 光学仪器，1996，18（5）：32 - 37.

［21］ 潘时祥. 数字摄影的进展 ［J］. 遥感信息，1997（1）：4 - 7.

［22］ 刘中阳，张海能，等. 新型高速单粒子翻转自恢复锁存器设计 ［J］. 中国空间科学技术，2022，42（6）：140 - 148.

［23］ 李家宁，田永鸿. 神经形态视觉传感器的应用进展与应用综述 ［J］. 计算机学报，2021，44（6）：1258 - 1277.

［24］ 张章，李超，韩婷婷，等. 基于忆阻器的感存算一体技术综述 ［J］. 电子与信息学报，2021，43（6）：1498 - 1505.

［25］ 黄铁军，余肇飞，等. 脉冲视觉研究进展 ［J］. 中国图象图形学报，2022，27（6）：1823 - 1839.

［26］ 单旋宇，王中强，等. 面向感存算一体化的光电忆阻器件研究进展 ［J］. 物理学报，2022，71（14）：148701 - 1 - 20.

［27］ 陈念江. 激光三维成像体制综述 ［J］. 激光与红外，2015，45（10）：1152 - 1156.

［28］ 靳辰飞，赵远，张勇，等. 一种无扫描三维成像激光雷达的实验研究 ［J］. 中国激光，2009，36（6）：1383 - 1387.

［29］ 卜禹铭，杜小平，曾朝阳，等. 无扫描激光三维成像雷达研究进展及趋势分析

[J]. 中国光学，2018，11（05）：2095 - 2112.

[30] 王鑫. 基于多角度多光谱偏振遥感的地物目标识别研究 [D]. 长春：中科院大学长春光学精密机械与物理研究所，2021.

[31] 代虎. 偏振探测与成像系统研究及优化 [D]. 长春：中科院大学长春光学精密机械与物理研究所，2015.

[32] 李福昌，余梦伦，朱维增. 运载火箭总体设计要求概论（五）——运载火箭主要分系统组成及其功能概述 [J]. 航天标准化，2003（03）：42 - 45.

[33] 包为民，汪小卫. 航班化航天运输系统发展展望 [J]. 宇航总体技术，2021，5（3）：1 - 6.

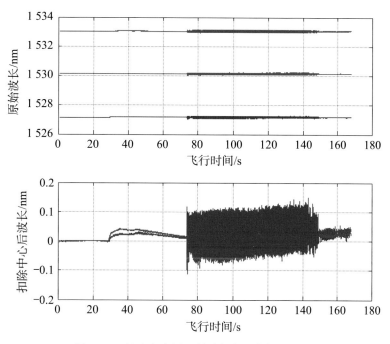

图 2 - 9　振动中光栅反射波长实测数据（P26）

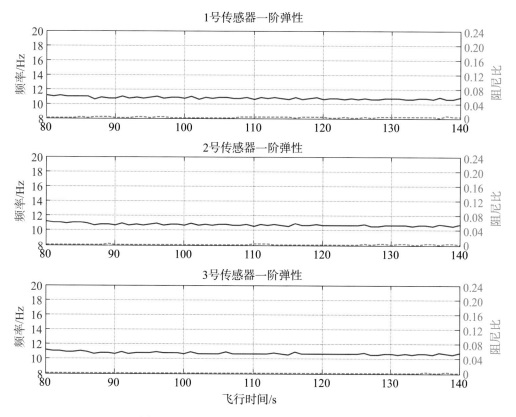

图 2 - 10　一阶弹性频率和阻尼比辨识（P27）

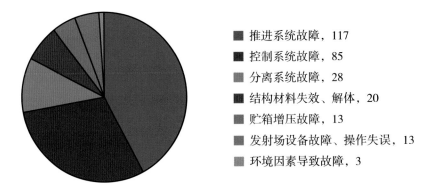

推进系统故障，117
控制系统故障，85
分离系统故障，28
结构材料失效、解体，20
贮箱增压故障，13
发射场设备故障、操作失误，13
环境因素导致故障，3

图 2-11　国内外液体火箭飞行故障模式及发生次数统计（1957 年—2022 年 6 月）（P27）

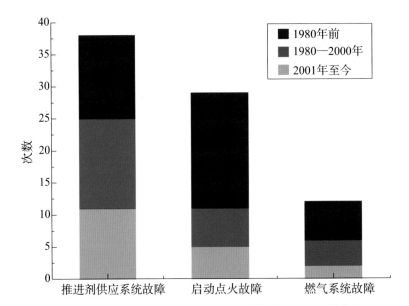

1980年前
1980—2000年
2001年至今

图 2-12　国内外液体火箭发动机历史飞行故障模式及发生次数分布（P29）

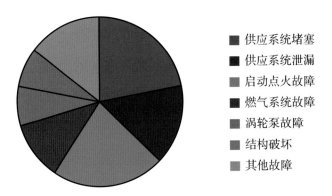

供应系统堵塞
供应系统泄漏
启动点火故障
燃气系统故障
涡轮泵故障
结构破坏
其他故障

图 2-13　国外液体火箭发动机历史飞行故障模式分布（P31）

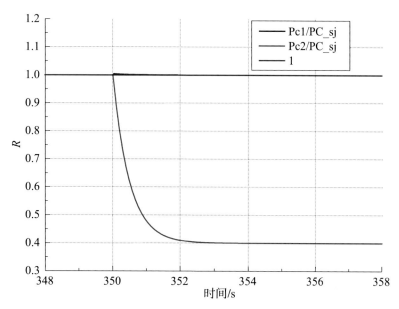

图 2-17　在 350 s 推力下降至额定推力 40% 辨识结果（P36）

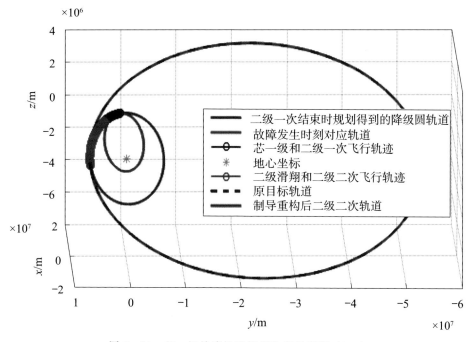

图 2-20　芯一级故障轨迹规划仿真结果图（P57）

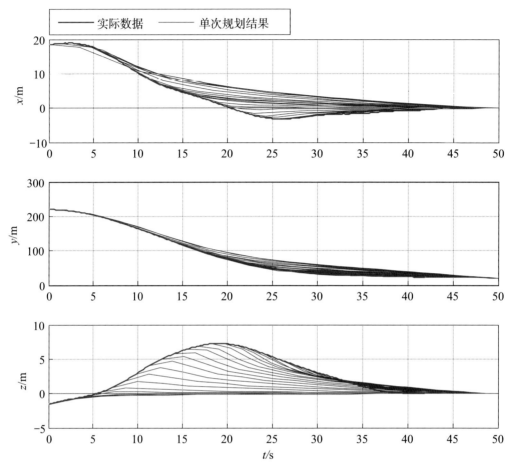

图 2-23　在线轨迹规划结果（位置曲线）（P60）

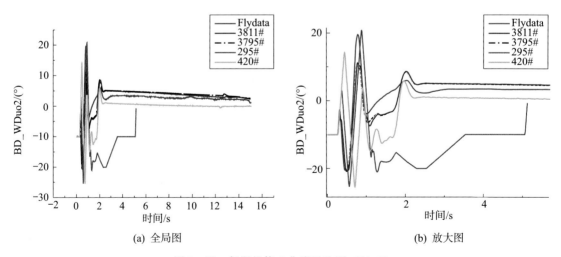

(a) 全局图　　　　　　　　　　　　(b) 放大图

图 2-58　伺服机构 2 曲线对比图（P109）